明太子拌蒟蒻絲

Monday
不blue高纖餐
！

熱量 65.6kcal

配1份水果更豐盛！

1. 小黃瓜切絲汆燙。

2. 豌豆苗切除根部後洗淨。

3. 把一小匙米酒和明太子攪拌均勻。

4. 蒟蒻絲煮熟後，拌入食材即完成。

美腿奇效

蒟蒻和黃瓜都是高纖食材，有助於腸胃蠕動，排出腿部脂肪和毒素。

香蕉芝麻奶昔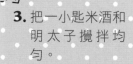

Wednesday
零水腫代謝餐
！

熱量 107kcal

配1個藍莓貝果更美味！

1. 將半根香蕉去皮切成塊狀。

2. 香蕉加150c.c.的鮮奶一起打成奶昔。

3. 奶昔倒入杯中，撒上些許黑芝麻即完成。

美腿奇效

香蕉富含鉀質，可幫助雙腿代謝出過多鹽分。

翡翠青蔬濃湯

2 Tuesday
好氣色美肌餐！

熱量 155kcal

配1個雜糧饅頭更營養！

1. 將綠花椰菜、大蒜和洋蔥切丁。

2. 用果汁機打成汁液狀。

3. 加入小麥胚芽和低脂牛奶煮滾後即完成。

美腿奇效

小麥胚芽含優質油脂,其所含的維生素E對腿部肌膚有修復功能。

香煎乳酪鮭魚

4 Thursday
抗氧化凍齡餐！

熱量 107kcal

配1碗五穀飯更飽足!

1. 在鮭魚上塗抹薄鹽醃製3分鐘。

2. 醃好的鮭魚下鍋煎熟。

3. 巧達乳酪混合黑胡椒加熱溶化成醬後,淋在鮭魚上即完成。

美腿奇效

鮭魚含有Omega-3脂肪酸,可使雙腿常保水嫩光滑的年輕肌膚。

超有感三合一速效瘦腿操

3分鐘呼你瘦

Lavender氧身工作坊總監 **周韶薐 Lynn** 著

1分鐘
擊碎脂肪的
按摩手
＋
1分鐘
緊緻曲線的
美腿操
＋
1分鐘
排毒消腫的
瘦腿餐

Byebye 浮腫腿
雙手抱腿消滅假裝肥胖
的浮腫腿！

Byebye O型腿
快做「側邊抬腿瘦腿
操」終結歪斜的O型腿！

Byebye 脂肪腿
伸展雙腿擊敗隱藏在局部
的脂肪腿！

每天只要
3分鐘
一定瘦！

只要3分鐘，省時省力又會瘦

　　Lynn是我相知相惜的死黨兼換帖，她是一位年輕貌美身材又厲害的正妹，不僅擁有我夢寐以求的巴西女人式之超圓翹臀，也是我不可或缺的健康導師。

　　早在幾年前，我已經是Lynn課堂的學員，並開始參加歌唱比賽。從選秀節目認識我的觀眾，看到我本人都忍不住脫口而出地說：「蛤！原來妳這麼矮！」這句話從小聽到大，使我對身高很沒自信，也因為我天生矮人一截，所以早就習慣穿高跟鞋出席活動或上節目。在PUB駐唱的時候，亦為了漂亮而長時間穿著高跟鞋唱歌，如果沒有高跟鞋的加持，站在台上的我就顯得很沒自信；雖然長時間穿高跟鞋很辛苦，但對我來說高跟鞋是不可或缺的生活必需品，同時也是能讓我重拾自信的產物啊！

　　以前覺得自己的雙腿很勇健，高跟鞋穿整天也沒在怕，忽略雙腿的感受還不自覺；就這樣過一陣子後，我發現下半身經常感到酸痛腫脹，小腿形狀也越來越不討喜，而且小腿摸起來好像鐵塊一樣硬。某一天，我去上Lynn

的課時，雙腿便立刻被她看穿，Lynn的眼神宛如X光，一看就知道我的雙腿因長期穿著高跟鞋且站姿不良，進而導致水腫和歪斜，她還鐵口直斷地說我再不乖乖矯正，雙腿會繼續惡化！

　　起初我以為矯正雙腿很麻煩，便搬出一堆藉口推說我很忙！我沒空！沒想到Lynn卻說：「每天只要抽空3分鐘就能改善腿型！」我半信半疑地按照Lynn的指示，利用在後台等待出場表演的空檔、或是睡前的時刻，每天花3分鐘做按摩瘦腿操；並調整過去錯誤的站姿和坐姿，持續一個月後，雙腿再也不酸不腫，腿型也變得筆直勻稱！一切都拜Lynn所賜，我現在上台高歌也更有信心了。

知名歌手

Eve

專注美腿，近乎苛求

韶葳年紀雖輕，卻具有令人佩服的專業素養，在腿型調整、體態雕塑和有氧健身等領域，韶葳可說是位不折不扣的健康專家。

從我認識韶葳以來，便知道她的個性屬於認真執著偏搞笑的類型，因為她一旦決定要做某件事，就會義無反顧地向前衝，也是因為這樣，才有這本書的誕生。她有感於現代人的步調忙碌，沒空做運動，也沒時間好好吃頓飯，漸漸變成沙發族、電腦族或手機族；於是私底下非常追求健康生活的韶葳希望可以讓各族群的人注重樂活養生，因此她將瘦腿的概念以輕鬆簡單的方式帶入生活；她花很多時間鑽研各種和腿型相關的資訊，並且針對各種腿型研發、整理出讓大眾都能輕易做到的瘦腿操，結合她的專業概念，將各種實用方法集結成書；並以平易近人的方法，語帶輕鬆地努力傳達美腿概念。至於韶葳搞笑的一面，只要上過她的課便能見識到，她的上課風格令學員如沐春風，學員總是

被她的幽默風趣逗得哈哈笑，但同時又能落實運動塑身的雙重
效果。

　　看到韶葳對自身專業的嚴格要求，不禁認為愛美的確是人
的天性；同時也印證了醫美行業的盛行，近年來，到醫學美容
專科看診的人更是男女皆有，而且年齡範圍也越來越廣，且其
中不分男女老幼都不乏有腿型上的問題，可見整型並非女性的
專利。為了雙腿而上門求診的患者不外乎是有酸痛、疲勞，或
有O型腿、長短腳的困擾，這類歪斜腿型除了影響美觀，生活
上亦有諸多不便，例如很難買到合適的衣服和鞋子，或是稍微
走點路就感覺腰酸背痛。

　　憑著韶葳的專業知識，她觀察到腿型歪斜的主因是來自日
常生活的姿勢不良和壞習慣所致，因此即使有些O型腿患者動
過矯正手術，仍可能因錯誤姿勢未改善而復發；所以她在書中
從生活著手，結合姿勢微調、腿部按摩、瘦腿操和美腿飲食等
方法，期望讀者執行後也能擁有女神美腿！

韓國心美眼鼻整型診所醫師

我的腿好粗喔！該怎麼辦？

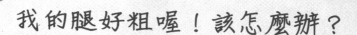

　　大家是否都有或是曾有過腿粗的困擾呢？從細節來說，有些人的下半身看起來就比上半身粗壯，有些人則是對於蘿蔔腿、下垂臀、粗腳踝、橘皮組織等局部部位感到困擾，甚至是長久以來跟著自己的O型腿，或是原本沒有，卻因為長期使用錯誤的姿勢而讓自己變成O型腿等等，關於腿部的問題實在是多不勝數，但大家必須了解一個觀念，那就是「每一雙腿都有機會變漂亮！」。

　　千萬別急著搖頭放棄，雕塑出美麗的雙腿不需要龐大的花費，也不用做氣喘如牛的運動，更不需要浪費太多時間，所以怕花錢、怕累、怕浪費時間的人，幾乎沒有什麼理由不讓自己的腿更漂亮。

　　本書希望能夠用最直接有效的方式來雕塑美腿，首先，腿會變粗並非天生或來自基因，粗腿的形成通常是來自日常生活不正確的姿勢，所以，只要改變躺姿、坐姿、站姿和走路方式，避免繼續使用不良的姿勢，腿絕對會開始變

細，真的！

　　腿是身體最赤裸的部位，無論你穿的是長裙還是短裙，長褲還是短褲，從露出一點點的腳踝或是被褲子包覆的腿部線條，就可以知道你的腿型有什麼問題。大多數的腿型不外乎是水腫的浮腫腿、粗壯的肌肉腿和脂肪堆積的胖胖腿，想美化腿部曲線，就要先知道自己屬於哪一種類型，如果是有憋尿習慣、工作經常久站的人，很容易有雙浮腫腿，例如百貨公司的專櫃人員，如果遇到週年慶或是特賣會，經常忙碌得不可開交，全天候站著招呼顧客，連上廁所的時間都沒有，即使擁有美麗的臉蛋，但底下卻往往有一雙不符合身材比例的腫腿。

　　本書的目的就是協助各種NG腿型改善成勻稱的雙腿，以浮腫腿來說，針對消除浮腫的按摩手法，再搭配短短幾分鐘的消浮腫瘦腿操，就可以有效舒緩腿部水腫，平時也可以多吃消水腫的食物，如綠豆、紫菜、香蕉和燕麥等。只花一點時間和從三餐下手就可以速效的雕塑美腿，是不是很值得呢！

　　如果經常感到腳步沉重、腿麻、雙腿虛冷和疲勞等問題，極可能是因腿型變粗或有其他身體疾病，本書針對各種腿部的疑難雜症，給予合適的按摩方式、瘦腿操以及瘦腿飲食，一段時間後，就能給你一雙苗條健康的纖腿。

Lavender氧身工作坊總監

周郁薇
lynn ♂♀

CONTENTS

目錄

Part 1 覺察雙腿變美的潛力

Part 2 居家必備的日常瘦腿法

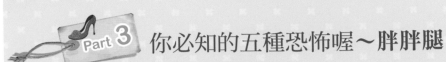

Part 3　你必知的五種恐怖喔～胖胖腿

CONTENTS

目錄

Part 4　1+1三分鐘速速瘦按摩瘦腿操

Part 5　美腿廚房的低卡好好味料理

CONTENTS

目錄

Part 6　雙腿24小時持續纖瘦小貼士

你是蘿蔔腿、大象腿還是恐怖的核彈腿？

如果你的下半身完全不像人類，不要感到難過，

Lynn會拯救你；

首先，你必須學習面對殘酷的現實，

好好照鏡子，認清雙腿肥胖的真相，

然後，改造雙腿吧！

PART ①

覺察雙腿變美的潛力

Lynn說：「普天之下的女子都應該對自己的雙腿嫌東嫌西，因為有挑剔才有進步。做好心理準備，無論你是胖胖腿還是歪斜腿，Lynn從現在開始要訓練你的雙腿，讓路人甲光看腿就想搭訕！」

1-1
多照鏡子，
打造優雅美腿

Say goodbye to fat legs

照鏡子就會變漂亮？
當然囉！不要小看鏡子，它可是讓雙腿變漂亮的第一步。

照鏡子，鞭策雙腿

　　與朋友相約見面時，女生往往會在出門前兩小時，開始搭配今天的穿著，經由仔細地梳妝打扮並穿戴整齊後，還要在鏡子前從頭到腳地檢視一番，確認穿搭和妝容都完整後才能放心出門。

對外在謹慎不單是對朋友的尊重，也是身為女人的基本禮貌。

　　大多女性平時就很注重儀容，像是洗完澡、換衣服或外出之前，甚至是閒來無事時，都會下意識地攬鏡自照。而根據研究指出，照鏡子的次數越多，就表示越注

重自己的整體外觀，並藉由觀察鏡中的自己來檢視外部的細微變化，進一步地加強保養、調整生活作息，以期變得更加美豔動人！

此外，多照鏡子還能督促自己雕塑各部位的曲線，尤其是眾多女性在意的雙腿！經常檢視鏡中的下半身會逐漸提高審美標準，如「大腿想再瘦一點」、「小腿細一點會更美」等欲望將日漸增強，故而開始注意飲食的控制並勤於運動；甚至，妳會更了解如何利用穿著來修飾腿型，像是「高腰褲有拉長雙腿的視覺效果」、「長裙可以隱藏歪斜的腿部線條」、「牛仔褲的刷色能修飾大腿腿型」等，這些都是讓雙腿看起來更纖細的穿搭技巧。

由以上可知，鏡子除了可以正衣冠，還能檢查體態是否走樣，請在家裡準備一面隨時都能照的全身鏡，經常有意無意地走到它面前，藉此鞭策並強化想要美化腿部線條的野心，這就是讓雙腿變漂亮的第一步！

另外，照鏡子也不只是單純地審視身材，在觀看外貌的過程中，也能一併檢查身體的健康狀況，因為局部的小徵狀，如突然冒出奇形怪狀的痣、臉色發暗等，都有可能是反應身體病症的前兆，不可不察！

想有一雙美腿請站好

當妳站立望著鏡子時，是否會有頭偏向某一邊，或是肩膀下垂的體態？

一般人放鬆地站著，多數會有駝背、小腹突出的習慣，這雖然是普遍的現象，但若不早點解決姿勢不良的問題，不僅會影響外觀的身材曲線，更會妨礙身體健康。所以，具備正確站姿是打造S型身材與雕塑筆直雙腿的首要關鍵！

這樣站就對了

小時候你也許曾聽父母說過：「不可以站沒站相。」這是因為正確的站姿是造就理想身段的基本步驟。如果你的站姿讓你感覺到酸痛不適，代表你已經習慣長期以來的不良姿勢，錯誤站姿會加重雙腿負擔而使其變形，請隨以下步驟開始矯正站姿吧！

首先，站在鏡子前，慢慢地放鬆肩膀並向左右舒展開來，注意兩肩的高低應一致；腰部向上挺；雙腿併攏伸直，身體的重量不要利用腳跟支撐，而是將重量調整到腳掌的中心位置，身體才不會前傾或後仰。如果能確實做到上述條件，便會發現鏡中自己的姿勢非常端正，不用刻意縮小腹或翹起臀部，也能擁有坦腹翹臀的誘人曲線。

以下便為大家詳細介紹標準站立姿勢的局部重點解說：

1. **肩膀**：兩手向上舉起，伸完一個大大的懶腰之後，手便會自然地垂向身體的兩側，如果發現左右兩邊的肩膀有高低不一的問題，就必須調整到兩肩平行。

2. **頭部**：略收下顎，頭部向上伸直。

3. 胸部、腹部：胸部及腹部像是深深吸氣般地向上提起，有駝背的人則應盡量挺直腰桿，並且抬頭挺胸。

4. 腰部、臀部：臀部不要刻意翹起，應和腰部一樣保持放鬆。

5. 膝蓋、腳：膝蓋併攏，並對齊兩腳的腳跟，腳趾面向正前方。

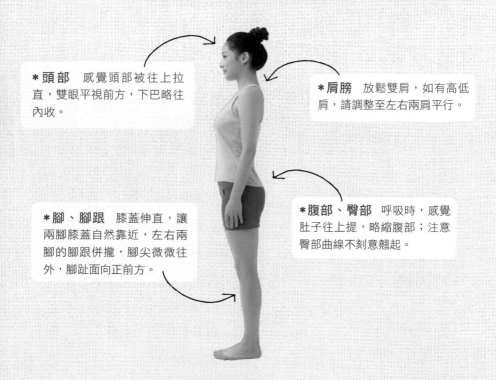

＊**頭部** 感覺頭部被往上拉直，雙眼平視前方，下巴略往內收。

＊**肩膀** 放鬆雙肩，如有高低肩，請調整至左右兩肩平行。

＊**腳、腳跟** 膝蓋伸直，讓兩腳膝蓋自然靠近，左右兩腳的腳跟併攏，腳尖微微往外，腳趾面向正前方。

＊**腹部、臀部** 呼吸時，感覺肚子往上提，略縮腹部；注意臀部曲線不刻意翹起。

女神系雙腿的完美比例

　　鏡中自己若站得筆直挺拔，身材比例通常也會顯得凹凸有致，而妳除了可從鏡中觀察體態外，還能測量腿圍、腿長來察看自己是否擁有女神系雙腿的完美比例。

有時候，我們會羨慕某些人的腿纖長白嫩，吸睛程度是男女通吃而令人賞心悅目！其實，只要腿部比例勻稱，即便身高只有150公分，也會覺得纖細修長。

　　以下表格提供理想美腿的參考依據，請大家一起為了雙腿的夢幻size努力吧！

✋ 雙腿與身高相稱的理想尺寸

單位：cm

身高	腿長	大腿圍	小腿圍	腳踝圍
150	68.3	46.5	30.0	18.0
153	69.6	47.4	30.6	18.4
155	70.5	48.1	31.0	18.6
157	71.4	48.7	31.4	18.8
160	72.8	49.6	32.0	19.2
163	74.2	50.5	32.6	19.6
165	75.1	51.2	33.0	19.8
167	76.0	51.8	33.4	20.0
170	77.4	52.7	34.0	20.4
173	78.7	53.6	34.6	20.8

※此表是身高與雙腿粗細比例的標準，請各位參照此數值，找出屬於自己的尺碼。此外，表格中的「腿長」，乃是指褲襠到腳踝的長度。

🔍 打造筆直美腿

　　當各位努力達到雙腿的黃金比例之餘，我們也要注意腿的曲線是否筆直。如果腿圍、腿長接近於上表數值，恭喜妳擁有一雙比例合宜的美腿，但若是腿型走樣，整體感便會打折！

因此，我們必須注意日常姿勢的正確與否，姿勢會影響到下半身的脂肪含量、肌肉發達程度和毒素累積等，這些是造成腿型改變的原因，進而影響腿的曲線，並導致O型腿、脂肪腿、粗壯腿、浮腫腿等腿部問題滋生，如果腿部線條歪斜，自然也無法和美腿劃上等號了。

以下將介紹兩款不運動也能練就筆直美腿的日常小撇步，進行一個月，就能達到成效喔！

1. **每天抬腿30分鐘**：平躺在床上或瑜珈墊，雙腳垂直倚牆向上舉直，至少抬腿30分鐘，或感覺腿麻後再放下。

2. **常用熱水泡腳**：將溫熱的水放入深及膝蓋的水桶或浴缸，溫度約40～42℃，每天至少泡10分鐘，直至身體微微出汗。

3. **以冷熱水交替沖雙腿**：洗澡時，先以冷水由下而上沖腿60秒，接著再換溫熱水由下而上沖60秒，冷熱交替可以刺激腿部的血液循環，雕塑雙腿曲線。左右腿各重複沖5次。

4. **倚牆站立20分鐘**：在家中找一面平整的牆壁，身體站立時與牆平行，後腦杓、肩膀、背部和腳跟緊靠在牆上，每天維持此姿勢20分鐘。

5. **隨時隨地保持雙腿併攏**：無論是站或坐，雙腿張開的樣子都很不雅觀，所以無論或站或坐，甚至躺著睡覺時，都要提醒自我保持兩腿併攏，一方面可以訓練美姿美儀，另一方面也能打造筆挺的雙腿。

6. **由下往上地按摩腿部**：由於地心引力的關係，體內毒素和脂肪容易囤積在下半身，故若能由下往上地從腳踝按摩到大腿，不僅能舒緩腿部腫脹不適，還有塑腿效果。

1-2
矯正彎曲體態，
塑造性感美腿

Say goodbye to fat legs

注意身體不要向前彎，
背部和腰部保持直立姿態，讓雙腿無憂無慮！

頸椎歪，腿也跟著歪

即使身邊不會時時刻刻都備有鏡子，但大家還是必須經常審視自己的雙腿，前面已提過，雙腿的粗細胖瘦或是任何腿型，都和日常生活的姿勢相關，矯正平時慣用的錯誤姿勢，才能擁有美麗筆直的腿部線條。然而，假設平時姿勢不良，身體施力點不當，非但會加重頸椎負荷，甚至還會影響腿型，損害健康，不可不慎！

姿勢不當傷頸椎

照鏡子的時候可注意背部挺直站立時，頭部是否向前傾？如果姿勢前傾，可能有頸椎彎曲的問題。其主因多是姿勢不正、長期低頭、駝背而造成。

舉例來說，在捷運或公車上隨處可見低頭族，他們總是一派

輕鬆地靠在欄杆上使用手機，殊不知長期低頭會使脖子向前傾，連帶上半身駝背，而使腿型改變。換句話說，「脖子前傾就會駝背，駝背就會讓脖子前傾」。國外的研究發現，在正確的姿勢下，頸椎所承受的壓力約為5.4公斤，但如果頭往前傾2.54公分，頸椎就必須承受14.5公斤的壓力；也就是說，頭往前「掉」5公分，頸椎就要承受比正常姿勢多3倍以上的壓力，如果再加上頭部轉動或擺動的重量，頸椎所承受的壓力就更不止於此！

頸椎彎曲的症狀剛開始輕微不察，只會覺得肩頸有點酸痛，但頸椎長時間受壓迫會造成走路不穩、雙腿發抖等情況，久而久之，腿型會因此歪斜，走路呈內八姿態，更甚者還會演變為頸椎長骨刺。骨刺是骨頭老化的一種現象，骨頭附近的軟骨或韌帶因長期負荷低頭壓力而損傷，慢慢磨損致使骨頭缺乏保護，進而造成骨質增生，也就是長骨刺。這就好像一台機器用久了，機器上的零件會慢慢磨損生鏽是一樣的道理。

所以，為了避免頸椎持續退化而導致腿型歪斜，平時要好好保養頸椎。低頭族不要盯著手機超過10分鐘，如果不得已必須使用手機，可以將手機舉至與雙眼平行，保持頸椎直立；此外，每天花幾分鐘訓練頸部肌肉，也可以強化肌肉以預防頸歪腿斜和骨刺問題的產生。

鍛鍊頸部肌肉

從頸椎增生的骨刺會壓迫附近的神經，這些神經遍及四肢，進而導致雙腿莫名地麻痺、疼痛、腿型歪斜，甚至難以走路。為了避免頸椎前傾影響腿型，以下有一組動作可以強化頸部肌肉，預防頸椎歪曲。

1. 坐或站皆可，但要保持抬頭挺胸，頸部向上伸直，眼睛平視前方。接著，右手掌心靠著後腦杓，頸部向後出力使頭部往後，掌心則抵住頭部往後的力量，使脖子和掌心的力量互相制衡，而不至於整個頭部向後倒。維持此動作5秒鐘。

2. 將掌心移至額頭中間，手酸的話，也可以換左手，頸部向前出力使頭部往前，掌心則抵住頭部向前的力量，兩邊的力量互相制衡而不至於使頭部向前倒。維持此動作5秒鐘。

3. 接著，將右掌移至右臉，頸部往右出力，右掌則抵住臉向右的力量。維持此動作5秒鐘。

4. 最後，左掌抵住左臉，頸部往左出力，並維持此動作5秒鐘。

　　一天早、中、晚各做三次以上頸部運動，可改善肩頸酸痛的情形，甚至還能預防頸椎變形，進而維持良好體態，打造筆直的完美雙腿曲線。

駝背招致長短腳

　　前面已提到，頸椎彎曲會產生駝背，背部的脊椎也會因此彎曲歪斜；脊椎是體內的重要樑柱，若樑柱損毀，連結樑柱的骨盆也會失去平衡，造成走路一跛一跛的長短腳情形。

　　長短腳是指兩腿的骨頭長度不一，有可能為先天性或後天造成，若成長發育時骨頭生長板出現問題，將使兩側骨頭發展不對稱，有可能成為先天性的長短腳，不過這種情形很少見。

　　此外，長短腳還有另外兩種可能，其一是因為骨折，癒合後的長度跟原本不同，才會造成長短腳；其二是因日常姿勢不良，如翹腳、背重物等側重某一邊出力的姿勢所致。而以下是日常生活中容易出現的不良姿勢與脊椎不正的前兆，如果你有下列現

象，可能已經處於脊椎歪斜
的情況之中，必須盡快矯
正，以免影響腿型。

1. 每天使用電腦或手機的時
   間超過8小時。

2. 放鬆時，兩邊肩膀看起來
   一高一低。

3. 內衣肩帶或後背包的背帶
   很容易從肩上滑落。

4. 習慣用手撐著頭。

5. 經常覺得枕頭不夠高，睡
   起來不舒服。

6. 習慣用某一手提重物，或慣用某側肩膀背包包。

　　使用電腦和手機的時候都會側重某一手，容易造成兩邊肌肉
運用不協調，而有高低肩的情形，這些現象顯示此人已有脊椎彎
曲的前兆。此外，女生每次出門都喜歡在肩上背個包包，殊不知
其重量容易讓肩膀往前傾，形成駝背的習慣，而如果走路、站立
或坐著都有慣性駝背，會因此改變身體重心，重心不穩便讓腰背
無法挺拔直立，故彎腰駝背將加重脊椎負擔，導致彎曲的情形產
生。

改善脊椎側彎

　　如果只是因生活習慣不良而引起輕微的脊椎彎曲，可經由矯
正復原，這類人士可以多做瑜珈動作，因為瑜珈運動緩和又能活
動全身，對於調整脊椎平衡的效果極佳。以下將提供一組簡單的

瑜珈動作，只要每天定時做3次，持續一個月即能改善。

1. 首先，跪坐在地，使兩邊肩膀充分放鬆。

2. 身體彎向正前方，兩手手掌貼地，呈現跪拜姿態；雙手向前伸展至極限，並維持此姿勢10秒鐘。當腰背感到疲勞時做此動作即能舒緩不適。

　　若你想進一步，測試自己是否有長短腳，可以躺在平坦的地面，屈起膝蓋，兩腳底板踩在地板上；接著觀察兩腿膝蓋高度是否一致，如果有落差代表有長短腳情形。但你無須這麼快就感覺沮喪，因為人的兩腿並非完全對稱，或多或少都有長短腳，只要誤差不超過2公分，並不會對生活造成影響，而如果長短腳的情形嚴重，將影響到走路和外觀，不妨求證醫師，確認長短腳的肇因，若是源於姿勢不良，請遵循醫師指示，持續並有耐心地復健，一段時間後，必能改善。

　　然而，平常還是要養成良好的生活習慣，每隔45分鐘，就要離開電腦，起身活動活動，否則脊椎彎曲的問題依舊會一直出現。接著，就來介紹幾個調整脊椎的小運動，讓大家可以輕鬆活動，預防長短腳上身。

左右彎彎腰

　　以下這組動作適合久坐不動的上班族，可改善長時間坐著的腰背不適，並矯正脊椎彎曲的問題。

1. 抬頭挺胸地坐在椅子上，雙手的手指交錯後，兩手掌心朝外舉起伸直。維持此姿勢5秒鐘。

2. 兩手掌心朝上，並且向上舉至頭頂拉直。維持此姿勢5秒鐘。

3. 雙手伸直不彎曲，然後向右彎腰5秒鐘；接著，雙手回到上舉

至頭頂的姿勢，再向左彎腰5秒鐘。重複左右彎腰的動作各做3次。

背後拉拉手

　　兩手分別伸到背後碰觸，可以自然地挺直背部，有效改善駝背和腰痛。

1. 雙手向上伸懶腰，拉筋放鬆後，右手彎曲跨過右肩向後伸到背後，掌心朝向背，並盡量伸直。
2. 左手手背靠在背後，掌心朝外，盡量伸直並伸向右手。
3. 背後的兩手嘗試拉在一起或碰觸，並維持10秒鐘。若無法順利碰觸到，可拿一條毛巾，右手抓著毛巾上端，左手抓著毛巾下端，兩手盡量靠近。左右手交替各做此動作3次。

挺胸伸展背

　　以下這組姿勢可以拉伸背部，強化脊椎骨，避免脊椎退化或側彎而導致長短腳。

1. 墊一個枕頭在胸腹前支撐，然後全身放鬆地趴在地上，雙腿伸直並貼緊地板。
2. 膝蓋彎曲使雙腿舉起，胸部則往上用力挺起，並將雙手向後抓住兩腳踝。
3. 手腳上舉，姿勢呈船型狀，將重心放在肚子上，使其平衡。維持此姿勢10秒鐘。

　　其實，無論是頸椎歪斜或脊椎側彎，非但會影響我們的健康，更會使整個體態、腿型變得不美觀，因此平時應盡可能維持正確姿勢，並進行上述舒緩運動，以減輕頸椎與脊椎的負擔，進而使雙腿不變形！

1-3
終結O型腿，
練成迷人美腿

Say goodbye to fat legs

小心歪斜腿型附身，
姿勢要正確，雙腿才會「足」健康！

🎽 O型腿從何而來

標準的腿型應該是在雙腿併攏伸直的時候，大腿、膝蓋、小腿、腳踝、腳跟等部位都能確實緊靠，如果這些部位不能碰在一

起，則表示有O型腿的情形。
一般來說，腿的骨架和長短雖然會遺傳給下一代，但除非是骨骼發育不全，導致下肢無力而擴張成O型腿，否則一般來說，O型腿並非天生使然。

其實90％以上的人或多或少都有O型腿傾向，只不過是雙腿彎曲的程度有所不同。而O型腿形成的原因，大部分

來自日常生活，也就是站姿、坐姿、走路的姿勢以及睡覺時的姿勢，都可包括在內，這代表O型腿的形成幾乎是後天因素所造成。

坐姿不良

　　試想自己平時是否有趴坐、跪坐或以左腿（或右腿）翹二郎腿的習慣？即使你坐得很舒服，但是在你

*O型腿　雙腿伸直時，膝蓋和小腿內側若無法合併，即為O型腿。

重複做這些動作的同時，已經為雙腿添加不小的負擔。趴坐時，腰背沒有支撐點，重量落在腰背上，所以趴久了會感到腰酸；而且趴坐會使骨盆前傾，導致小腹突出，走路姿態也會呈現內八。

　　另一種導致O型腿的不良坐姿為跪坐，跪坐會把重量壓在兩腿上，使雙腿麻痺刺痛，影響雙腿使力，故應盡量不使用此姿勢。若不得已而跪坐，可在跪坐時，將兩腳腳背緊貼在地上，以分擔壓迫的重量。

　　除了以上兩種坐姿，最為常見的蹺腿坐則會使一腿的負擔過大，兩腿肌肉無法平衡發展而使腿型歪斜。錯誤的坐姿會讓身體在不自然

的情況下承受體重，若不調整姿勢，雙腿將有可能演變成O型腿。因此，正確坐姿應為頭部、頸部直立而不前傾；椅子高度應讓膝蓋呈90度彎曲；臀部也是與身體呈現約90度彎曲；椅子的靠背底部最好稍微前凸，可支撐腰椎，避免姿勢走樣。

站姿慵懶

　　很多人經常出現慵懶的站姿，例如習慣將背部或臀部靠在牆上、一腿彎曲一腿伸直或雙腿交叉站立等，這些不自覺做出來的小動作，都會讓身體重量壓迫骨盆，並使下半身歪一邊。除了生產會使骨盆擴張之外，骨盆通常是呈現閉合的狀態，但如果經常像懶骨頭一樣，習慣靠著牆壁站立，而不運用骨盆附近的肌肉力量支撐站立，就會使骨盆負荷過重而造成骨盆擴張，這表示骨盆附近的肌肉無力使骨盆閉合，而且骨骼附近容易演變為贅肉橫行。繼續使用慵懶姿勢不僅讓你當定「小腹婆」，臀部也會顯得平坦外擴；骨盆和大腿相連在一起，所以骨盆擴張也將進一步影響雙腿向外，其症狀初步會經常感到腿部麻木僵硬，走路呈現內八模樣，最終導致O型腿的出現。

　　為了避免骨盆擴張導致O型腿現形，大家可以使用以下方法，促進骨盆閉合，並訓練骨盆附近的肌肉。

1. 在地板上躺平，取一枕頭墊在腰下。枕頭可以墊高腰背，促使歪斜骨盆回到正確位置。
2. 雙腿打開與肩同寬，腳跟靠在地上，兩腳尖則互相靠近碰在一起，呈現「八」字型。這個姿勢可以進一步閉合骨盆，並且訓練周圍肌肉，使肌肉足以支撐骨盆閉合。

錯誤睡姿

　　站姿、坐姿和睡姿不良都有可能造成O型腿，但站姿和坐姿都可以靠意志力調整，唯獨睡著後的姿勢很難改變。雖然睡姿改善不易，但在就寢前，使用正確的姿勢準備入睡，有助於雙腿放鬆抒壓。

　　一般來說，仰睡是不錯的姿勢，因為全身均勻躺平，可以分散身體重量，雙腿也能舒服的伸展；習慣側睡的人也不用擔心影響腿型，因為側睡不僅舒服又容易入眠，只需注意不要固定於某一邊側睡，就不會使一邊的腿受到壓迫。

　　最糟糕的睡姿就是趴睡，趴睡會逼迫腳踝外翻或內翻，進而使腿部肌肉無法放鬆並變得僵硬、麻痺，且胸腹部受到重量的壓迫，會很不舒服，而為了避免口鼻被壓住，必須長時間將頭轉往一邊，容易導致頸部肌肉扭傷，即俗稱的「落枕」。而且趴著的時候，腰部和背

部沒有貼合床鋪，無法藉由床墊支撐腰背，經過一夜睡眠，你會感到腰酸背痛，下床行走時，腿部也會像拉傷般隱隱作痛。

故睡覺的時候，可在小腿部位墊一個枕頭，提供雙腿支撐力，睡著後若不小心轉變為趴睡，墊高的腳踝也不會因此外翻或內翻，以避免壓迫腿部神經。

O型腿的害處

長期使用不良姿勢的情況下，腿部的血液循環會慢慢惡化，新陳代謝的速度也將因此緩慢下來，腰痛、便祕、肩膀酸痛、生理痛等症狀就會出現，但這些只是警示的徵兆，還談不上是病痛，若坐視不理，將會引起身體更嚴重的不適。

換句話說，O型腿可能是引起病痛的主因。只要找出在生活習慣中形成O型腿的原因，並確實改善錯誤姿勢，解決O型腿的問題，也能進一步改善身體上的諸多不適和積年累月的毛病。

很多愛美女性深受O型腿所苦，大腿外擴、膝蓋無法併攏的

姿態讓腿部線條不美觀，連帶也影響自信。其實O型腿算是一種文明病，由於現代人長時間姿勢不良，骨盆附近用來支撐雙腿伸展的肌肉，變得越來越鬆弛，使得膝蓋無法併攏；加上現代人普遍缺乏運動，導致腿部肌肉無力而往外擴張、變形。但是

後天形成的歪斜腿型絕對可以靠後天的努力而改善，畢竟，天下沒有醜女人，只有懶女人！

　　你的O型腿是不是來自遺傳？不用貿然下結論，不如先試著檢查自己的作息。有些人大費周章地找整型外科，花大筆費用動腿部手術，但其實高達九成的人，只要找出生活中造成腿型不佳的原因，即可針對原因矯正。

O型腿退散

　　雙腿筆直的人，從視覺上來看，腿的比例會修長勻稱；這也就是為什麼有些人身高矮小，卻看起來很高挑，而有些人明明長得很高，看起來卻是五短身材。如果你有歪斜的O型腿，請參考以下方法把腿扳直。

1. **夾緊膝蓋**：無論坐或站，記得時時刻刻提醒自己用力夾緊雙膝，訓練雙腿靠攏並養成習慣，不僅能夠矯正腿型，還有瘦大腿內側的功效。

2. **起立蹲下**：雙腳張開與肩同寬，膝蓋略微往內緩緩蹲下，再慢慢地站起來，不用完全蹲下，只要呈半蹲姿勢即可。每天抽空做20次，努力堅持一個月就會看到效果。

3. **纏繞繃帶**：坐在椅子上，雙腿併攏，用彈性繃帶均勻綑綁從膝蓋到腳踝的部位；接著站起，身體保持抬頭挺胸，站立15分鐘後即可拆除繃帶，一日綁2次。站立時如果雙腿感到疼痛或是腳麻，代表綁得太緊，請鬆開後再重新綑綁。

　　若經常用放任的態度，以舒服的姿勢或躺或坐或站，會不知不覺地破壞身體曲線；反之，正確的姿勢卻會漸漸地讓身材變好，所以一定要隨時注意自己的姿勢，不可鬆懈下來。

 **O型腿自我撿測**

Test!

　　請回答以下二十道問題後，再計算答案為**YES**的數量是多少，並對照下一頁的診斷表，便能馬上知道妳的O型腿程度！

☐YES ☐NO　**01.** 在等車時，常會不自覺地兩腳交叉站立，站姿顯得慵懶不已。

☐YES ☐NO　**02.** 有盤腿而坐的習慣。

☐YES ☐NO　**03.** 屁股坐在地板上時，習慣將兩條腿從臀部向後彎曲貼在地板上跪坐著。

☐YES ☐NO　**04.** 經常性跪坐，而且跪坐時間至少半小時以上。

☐YES ☐NO　**05.** 跪坐時，為了避免腿麻，經常將兩腳拇趾重疊在一起。

☐YES ☐NO　**06.** 坐著的時候經常彎腰駝背。

☐YES ☐NO　**07.** 坐在椅子上時，常會不自覺地蹺起二郎腿。

☐YES ☐NO　**08.** 蹺二郎腿時，都是右腳（或左腳）位在上方。

☐YES ☐NO　**09.** 看電視時，常會將膝蓋抱在胸前坐著。

☐YES ☐NO　**10.** 習慣睡在軟趴趴的床墊和蓬鬆的枕頭上。

☐YES ☐NO　**11.** 不以側躺的姿勢睡覺就睡不著。

☐YES ☐NO　**12.** 走路的時候肩膀會左右擺動。

☐YES ☐NO　**13.** 有內八走路的習慣。

☐YES ☐NO　**14.** 常常做一些如快跑、打網球等激烈運動。

☐YES ☐NO　**15.** 走路的時候會突然感到腿軟。

☐YES ☐NO　**16.** 繼續穿著鞋跟或鞋底已經磨損的鞋子。

☐YES ☐NO　**17.** 喜歡穿五公分以上的高跟鞋。

☐YES ☐NO　**18.** 習慣性將皮包背於右肩（左肩）。

☐YES ☐NO　**19.** 經常穿著過於合身的緊身褲。

☐YES ☐NO　**20.** 討厭喝牛奶，且鈣質的攝取量不足。

　　儘管診斷出你有O型腿，但是依照膝蓋的開合度和症狀輕重度的不同，矯正方式或是改善的事項也會有所不同。測驗完畢後，請站在鏡子前，將兩腿併攏站好，並仔細觀看大腿、膝蓋和小腿間的縫隙為何，並試著比照下列的標準，判斷你的O型腿究竟是到什麼樣的程度，便能一目瞭然了。

0～2 個答案為YES的人，O型腿程度★

　　大腿、膝蓋和左右小腿都能併攏，雙腿看起來筆直不歪斜，堪稱是一雙人人羨慕的美腿。

　　你的雙腿間沒有間隙，也沒有任何O型腿的徵兆。想必你平常一定有運動習慣，也很注重自己的儀態和身材，並維持規律的作息和飲食，請繼續保持下去，不要鬆懈下來，否則腿型會歪得不知不覺喔！

3～5 個答案為YES的人，O型腿程度★★

　　兩膝蓋及大腿雖然都能併攏，但是左右小腿之間卻能插入1～2支手指寬的距離。

　　你的雙腿間隙還不明顯，無須有O型腿的堪慮。但也不可太過於掉以輕心，平時要多注意坐姿和站姿的正確性。如果背著包包走路，要經常換邊背，以免造成高低肩；站的時候要挺直腰背，坐下不要慣性蹺腳，這些小動作都是不可大意的細節。

　　以上兩種類型的人尚無O型腿的危機，但若想進一步美化雙腿，除了要注意姿勢，亦要同時避免熬夜和重鹹飲食。睡眠不足或喜歡吃重鹹重辣的人，皆會使身體的新陳代謝變慢，並難以排出多於鹽分或體內廢物，即使腿型沒有歪斜的困擾，卻容易形成下半身肥胖。

6～10 個答案為YES的人，O型腿程度★★★

　　兩膝蓋之間有1～2支手指的寬度，左右小腿之間也有2～3支手指寬度，而兩邊的大腿則處於剛剛好能併攏的程度。

　　你的雙腿間隙約有3～5公分，依照你目前的生活方式，毫無疑問地已經有了O型腿的雛形。你可能是太過偏食，或是經常久站或久坐，最好是多攝取含鈣的食品，如牛奶、豆腐、小魚乾和蝦米等。若是長時間處於站立情況的人，要勤做抬腿運動，或是穿防止靜脈曲張的機能襪。

11～15 個答案為YES的人，O型腿程度★★★★

　　兩膝蓋之間有2～4支手指寬度，兩小腿之間有3～4支手指寬度，而大腿之間則有3～4支手指的距離。

　　你的雙腿間隙已有5～10公分，明顯具備O型腿的姿態，或許你不以為意，但O型腿走路會呈內八，嚴重影響雙腿外觀。不妨詢問專業醫師是否需要矯正器材的輔助，找出引起O型腿的原因，及早做好預防和改善的準備。

　　藉助器材輔助的好處是費用低、風險小，但效果需要一段時間才能顯現，必須長期堅持下去，沒有恆心就難以達到效果。非手術矯正的工具輔佐，會利用夾板和綑綁產生的壓力對膝關節處的韌帶進行調整，使兩腿可以靠攏貼近；或是穿著矯正鞋墊，矯正鞋墊外側高、內側低，在行走或站立時，可以給小腿一個向外旋轉的力量，因為O型腿人士的腿部肌肉較無力，需藉由鞋墊輔助支撐，如此能預防因走姿不好，而加重O型腿問題。藉工具輔助的方式，適合中度的O型腿人士。

　　除了利用外在工具協助改善O型腿，這類型的人於平時多做快走和瘦腿操等腿部運動，以強化雙腿肌力改善之。

 **16~20** 個答案為YES的人， O型腿程度★★★★★

兩膝蓋撐開的程度已經到了可以插入5支手指的距離。

你的雙腿間隙已經有10～15公分，O型腿情況也到了病入膏肓的地步，不僅雙腿嚴重歪斜，甚至有便祕和長期腰痛的問題，目前當務之急是盡快去看醫生。由醫師判斷是否需要手術或接受醫療器材的矯正，最要不得的做法是豎白旗投降，只要有毅力和決心，一定可以成功改善。

通常嚴重的O型腿患者會選擇直接以手術治療，因矯正效果會立竿見影，但手術的風險較大，費用也高；而且動O型腿矯正手術有個前提，若膝關節以上大腿骨、脛骨均內翻10度以上，才可接受截骨手術。

截骨手術會先將歪斜的骨頭切斷，再於斷骨處以錨釘固定矯正，並將雙腿打上石膏，等候骨頭癒合，癒合大約需時3～6個月。

本書所強調的方式，是改變平日習慣的不良姿勢，無論站姿、坐姿和躺姿，培養正確的姿態，才能訓練出美好的體態；加上瘦腿操針對雙腿的線條鍛鍊，輕微的O型腿便能無所遁形。若是重度O型腿的人不想冒險開刀，也可以嘗試使用非手術的矯正方式，只要有耐心地做下去，腿部線條一定會改善。

How?

多數人認定胖胖腿很難改變，

以為要做數不清的運動，

直到汗流浹背、氣喘如牛才能瘦下來；

如果你有這樣八股的觀念，

Lynn要在這一PART糾正你，

甚至教你如何坐著不動就瘦腿。

PART 2

居家必備
的日常瘦腿法

Lynn說：「如果你想瘦卻又懶得動，不用覺得抱歉；因為Lynn絕對有辦法讓懶惰的人輕鬆瘦！只要將瘦腿方法不著痕跡地帶入生活中，就能不費吹灰之力地纖細雙腿！」

2-1
直直走就瘦腿

Say goodbye to fat legs

沒想到走路就可以瘦腿吧！
這是真的，企業大老都篤信不已，何況是你呢！

走走走雙腿瘦不停

　　要讓雙腿的肌肉結實不鬆軟，其實有個輕鬆又簡單的方法，那就是「走路」。

　　走路無須任何輔助工具，也沒有場所上的限定，不僅是方便性最高的運動，而且正確走路還能有效瘦身！因為走路可以活動到全身約三分之二的肌肉，對於雕塑身材和雙腿有良好效果。

　　而上班族或學生大多搭乘公車或捷運去公司和學校，無論是前往公車站或捷運，都可試著步行來回兩

地；在公司裡也要少搭乘電梯，多爬樓梯；去百貨公司購物時，若路程較近，不妨以走路代替搭計程車；家中若有養狗，也可以勤勞一點，早晚去遛狗散步，只要在生活上用點心思，「走路」的機會要比想像中來得多。

走路的益處

　　想要靠走路瘦下雙腿，設定一個明確的目標會更好。首先，訂定一天花15～20分鐘的時間走路，因時間短較容易做到，但重點是持之以恆，每天按照計畫走15～20分鐘，一個月後，便能實際感受到精神變好、雙腿也變得緊實。除了外在的改變，還有益於健康，以下就為大家娓娓道來走路的好處：

1. 走路能保持呼吸均勻，使身體得到充足氧氣，讓自己能越走越有精神。

2. 腳底充滿連結全身的穴道，故走路可以刺激穴道，保持經絡暢通。

3. 走路可以完全運動到下半身，甩掉多餘的贅肉和脂肪，使我們越走越感輕盈，達到通體順暢的效果。

4. 被人稱之為「第二心臟」的腳，可藉由走路所產生的肌肉運動，將下肢血液送回心臟，促進體內循環。

5. 走路可以使身體獲得更多氧氣而提神醒腦，研究顯示，含氧量高的身體能有效提高記憶力、思考力以及判斷力。

　　養成多走路的習慣，不但能纖細雙腿，還有益於全身的功能，現在還坐著做什麼？快點離開座位起步走！

正確走路瘦腿效率高

　　想要藉由走路練就一雙美腿，學習標準的步行方式很重要，因為正確的姿勢可以連帶運動到身體各個部位，如果走起路來彎腰駝背、無精打采，便無法達到纖腿效果。

　　試想，如果你坐在咖啡廳中，透過大片玻璃窗觀察街頭熙來攘往的民眾，或許你會看到悠閒慵懶而四處漫步的女人、低頭走路的害羞小男孩、大搖大擺行走的中年男子、把手插進口袋裝酷的青少年，或是同手同腳的路人，雖然這些人都在走路，但他們的姿勢並不正確，對健康的功效也不大。由此可見走路的學問不小，在哪裡走、怎麼走、要走多久，都有講究。以下的瘦腿重點小筆記特別提出走路必須注意的重點，希望大家可以隨時隨地從鏡子所反射出的模樣檢視自己的姿勢是否正確。

❶ 臉朝前，視線往前平視約15～20公尺的地方。

❷ 腳跟先著地，腳底板以滾動的方式從腳後跟帶動到腳尖，讓腳底的每一處都能由後往前地接觸地面，如此才能均勻承受身體重量。

❸ 走路的步伐距離過大或太小都會造成雙腿疲勞，一般人的標準是用身高（公分）×0.3，走起來會較為輕鬆。以身高160公分的人為例，走路的步伐長度約50公分左右最好。

❹ 走路的時候，要感覺兩腳的膝蓋好像快要碰在一起；而腳尖朝外約5～10度的角度抬起邁出，是最標準的走法。

❺ 走路時，不妨使用碼表或計步器來計算走路的速度和數量，每天至少走15～20分鐘或日行一百步為佳。

❻ 為了達到走路的效果，光動腿是不夠的，快速且大幅度擺動手臂，腳步也會自然而然地跨出較大步伐；如果手臂動得速度較快，腳步也會自然加速，走起路時，就不會磨磨蹭蹭、拖拖拉拉。此為有效瘦腿的走路要訣。

❼ 建議大家可以到住家附近的學校操場或運動場快走，因為跑道的PU材質比一般的柏油地面有彈性，走起來較為舒服。

❽ 如果想讓瘦腿功效更好，以快走速度達到略微出汗的程度最佳，快走可以提升體溫，促進脂肪燃燒，並藉由汗水來代謝體內的毒素或老舊物質。

❾ 平常行走坐臥總是彎腰駝背的人，表示肩胛肌的負擔過重，肩膀容易僵硬酸痛。藉由步行時抬頭挺胸的姿勢，加上雙臂大幅擺動、跨大步伐前進，能自然拉直背肌與肩胛肌。

❿ 不宜穿著拖鞋、高跟鞋或涼鞋走路，選擇能包覆雙腳、穿起來舒適合腳的鞋子為佳。

走路時，除了要遵循前面提到的重點，不妨在走路的當下，把自己當作伸展台上的模特兒，試著在腦子裡想像出一條位於兩腳中間的直線，若能沿著這條隱形的直線行走，那麼你的儀態便完美無缺。

沿著直線行走時，腳尖並非筆直地朝向正前方，而是要略微向外，但如果向外的角度過大，走起路來就會「外八」，一副大搖大擺的模樣；腳尖若向內則是「內八」，看起來總是要絆倒自己的樣子。但無論是外八或內八，都會影響腿型，所以行走的姿勢、腳底著地的部位，皆是我們走路時必須注意的小細節。

此外，根據我們常穿的鞋子，也能觀察出自己是否有內八或外八的傾向，讀者可依下列各類型的鞋底磨損程度來判別。

1. **鞋墊均勻磨損**：鞋底的足跟部位若與鞋跟左右側磨損程度差不多，代表走路姿勢良好且重心平衡。

2. **鞋底外側磨損較多**：表示重心放在腳的外側，導致內側肌肉鬆弛，外側肌肉發達，很容易變成蘿蔔腿，並且有外八和Ｏ型腿的傾向。對膝蓋和腰容易造成負擔，是腿部酸痛的元凶。

3. **鞋底內側磨損較多**：表示平常走路時，膝蓋沒有打直，經常駝背；腳跟或小指旁邊的部位為了要支撐體重，容易長繭或雞

眼，有內八傾向。

4. **鞋底腳尖處磨損較多**：這表示你通常以腳尖著地，這一類型的人習慣穿著高跟鞋，容易有拇趾外翻的困擾。所謂外翻，是就拇趾偏向身體的外側，嚴重者可明顯看出大拇趾明顯偏向第二趾。

5. **鞋跟部位磨損較多**：表示腹肌跟背肌無力，很容易駝背，並挺出小腹。此類型的人血液循環不好且常有腰痛的症狀。

　　如果你的鞋子有不正常磨損的現象，必須注意是否有腰椎疾病。通常鞋底磨損異常的人，會增加椎間盤突出、骨盆移位等疾病的發生率。

　　有一種人的走路姿勢雖然沒有內八或外八，但走法卻NG，那就是經常走在伸展台上的模特兒；她們走起路來搖臀擺尾，穿著超高高跟鞋顯得風情萬種，雖然看起來搖曳生姿，但卻會為雙腿帶來負擔。因模特兒走秀時，常常以兩腿交叉的方式走直線，交叉幅度過大，很容易被絆倒，由於上半身必須保持平穩不動，但下半身卻又要扭腰擺臀的行走，故容易壓迫到骨盆；此外，常穿高跟鞋的名模，重心會往前，特別容易有拇趾外翻的問題。

　　甚至，很多人喜歡模仿模特兒走路，覺得她們的步伐很美，但筆者建議大家可以學習模特兒走直線和跨出較大的步伐，但應盡量避免交叉行走，坐著的時候，雙腿也不要交疊，更不用刻意扭腰擺臀，因為這些姿勢會壓迫雙腿。此外，練習走路時，一邊走一邊夾緊屁股，腰部略向後挺，可打直膝蓋，並有提高臀部曲線的效果。

勤走樓梯加倍瘦腿

　　不論是在公司、學校或住處，若是在稍高的樓層，約3～5樓之間，請善加利用平時被你捨棄的樓梯，勤走階梯上樓便可在生活中達到收縮小腿肌肉的目的；剛開始練習上樓時，一步踩一階樓梯即可，如果雙腿不覺得吃力或疼痛，也沒有呼吸不順的現象，可一步踩兩到三階，藉此增加臀部及腿部肌肉的力量，加強腿部線條的雕塑。然而，一般的行走和上樓梯的方式略有不同，請參考以下注意事項：

1. 前腳掌著地：走在平坦路面必須先以腳跟著地，但是走樓梯時，應以腳跟不接觸階梯為原則，用前腳掌踏上階梯，才能拉伸到小腿肌肉。而前腳掌若沒有正面向前著地，容易使身體失去平衡，所以走樓梯也是有訣竅的，做對動作就可以有效矯正內八與外八情形；如果只用腳掌前三分之一處著地走樓梯，可以同時運動到腳踝和小腿，使這兩個部位變纖細。不過，在走的過程中，如果感到小腿肌肉過於緊繃，要恢復成前腳掌著地，以較為和緩、輕鬆的方式爬樓梯。

2. 避免依賴扶手：為了改善歪斜腿型，手應避免扶著欄杆，並面朝正前方走上去。而且走樓梯要往上移

動才能瘦腿，下樓梯時，
可改搭電梯，因為上樓梯
的主要運動部位是大腿，
大腿往上抬，踩在階梯，
再運用腿部力量支撐往
上；不過下樓梯時，身體
的重量應隨著地心引力往
下，當腳往下踩在階梯
上，全身的重量都會壓到

膝蓋，因膝蓋是緩衝下樓梯時的煞車部位，所以很容易讓膝蓋
受傷。如果沒有電梯可搭，走下樓梯時，可以扶著扶手，藉此
分散身體的重量，或是背對下樓，以減輕膝蓋對體重的負荷。

3. **腳跟往上**：爬樓梯時，應以前腳掌著地，腳跟懸空往上，也就
是墊腳向上走，如此才能運動到臀部肌肉。走樓梯最忌諱腳跟
懸空向下，因此姿勢容易彎腰駝背，請大家務必隨時注意自己
的姿勢是否正確。

　　除了要小心傷到膝蓋，走樓梯是非常值得推薦的運動，根據
統計，爬樓梯所消耗的熱量是走平地的3倍，平均走30分鐘的樓
梯，就可以消耗約150卡的熱量。

2-2
隨時把握
瘦腿的機會

Say goodbye to fat legs

與其想辦法讓雙腿瘦下來，
不如將瘦腿融入日常生活中，效果會更好！

瘦腿與生活合而為一

瘦腿是可以隨時隨地進行的，養成習慣後，瘦腿便容易許多。無論是在家坐著看電視，還是每天排隊通勤等公車，或者是等候紅綠燈，都可以藉由做些瘦腿小動作，來增加腿的緊實度。

等一等就瘦腿

等候外帶餐點或是任何等待的時刻，你可以試著把背挺直，脖子往上伸長，感覺頭、胸、腹部像是被人往上拉一樣的緊繃，並夾緊臀部肌肉，再提起大腿原地踏

步。踏步時，腳尖盡量向下伸直，若能搭配擺動手臂，效果會更好，如果周遭人太多則可省略手部動作。

倘若無法做原地踏步的動作時，也可試試墊腳尖。上下墊腳尖不但能鍛鍊腳踝及小腿的肌肉，傍晚時若覺得腳有腫脹感，也可藉此動作消除腿的浮腫。假使在路上遇到有高度落差的地方，可將腳尖放在高處，腳跟懸空，慢慢地往上墊腳再輕輕放下，這會比在平坦地方運動更好，不僅能活動到腳踝，還能伸展小腿後側的阿基里斯腱。

輕鬆坐著瘦腿

忙碌一整天，回到家後，你是否迫不及待地趴在沙發上？如果你是東歪西倒地躺著，很容易傷到脊椎，影響腿型曲線。正確坐法應膝蓋垂直併攏，再進行你想做的事，如翻閱雜誌或看電視，如此無形中都能坐著瘦腿；假使兩腳膝蓋持續碰在一起，可以減去大腿內側鬆軟晃動的贅肉。剛開始先維持3分鐘，然後放鬆休息一下，再繼續下一個3分鐘，重複循環，大腿內側就能擁有漂亮的線條。

甚至，你也可以輕鬆地坐在地上，雙腿伸直、背也挺直，然後膝蓋和小腿都併攏，在你看電視或聽音樂的時候，邊看邊將兩腿夾緊，每次夾10秒鐘，然後休息、放鬆一下再繼續夾，簡單的動作就能雕塑雙腿喔！

2-3
就這樣坐！
雙腿沒負擔

Say goodbye to fat legs

很多人一天到晚都坐在椅子上，
卻不重視椅子和坐姿，反而造成腿部負擔！

坐不好，雙腿很痛苦

　　無論是上班族、電腦族或近年興起的手機族，這群人長時間坐在椅子上，卻不在乎坐姿也不曉得如何挑選正確的椅子，結果不止臀部及大腿受到壓迫，下半身的血液循環也開始堵塞，下肢

也容易出現浮腫、發冷等毛病。倘若繼續坐在不適合的椅子上，這些症狀會慢慢變嚴重。

　　曾有研究顯示，坐著的時候，膝蓋若能維持垂直90度的彎曲姿態，是最標準的坐姿；而如果坐在比標準高5公分的椅子上一個小時，

腳尖的溫度會下降6℃，就算只有5分鐘，小腿也會往外擴張約0.2公分，如此將大大增加O型腿的發生機率。

根據調查發現，臺灣大約有三成的民眾，每天坐著不動超過7小時！而你是否也在久坐不動的名單當中呢？一天裡，無論是吃飯、工作、看電視，甚至是上廁所等時間，幾乎都是坐著，而每個人的身高體型各有不同，如果坐的椅子太矮，雙腿難以伸展便容易水腫；坐的椅子太高則使雙腿沒有支撐點，容易壓迫臀部和大腿後側。

一般人的家裡大多有一張沙發，雖說坐在椅墊柔軟、椅身又低的沙發上固然舒適，但是人的重量會改變沙發原有的形狀，使腰部陷入而彎曲駝背，經過一段時間後，要從鬆軟的椅墊起身時，會出現腿麻；這是因為沙發太軟，沒有足夠的支撐力，導致雙腿長時間受到壓迫，致使血液無法流通，而腿部一旦缺血就會發麻，這與枕著手臂睡覺會手麻是一樣的道理。所以，懂得選擇一張好椅子，可大幅減輕雙腿的負擔。

椅子的挑選重點

理想的椅子，必須能讓腰部貼著椅背，側面坐姿的臀部及膝蓋以能呈90度直角為佳，如果椅子太高，可以把雙腳墊高一些；

坐墊的彈性不可過度柔軟或堅硬，恰如其分最佳。此外，桌子的高度也是不容忽視的細節，桌子與椅子的高度差，是以你坐在椅子上時，從臀部到頭頂高度的三分之一為標準。

市面販售的椅子大多可以調整高度，購買時應多加留意椅子高度是否合適。即使是坐在適當的椅子上，仍應每隔一段時間就站起來活動，才不會對雙腿造成負擔。

椅子太高的話，可以墊高兩腳，讓膝蓋呈90度為佳。

正確的坐姿

選對椅子後，緊接著要學習正確的坐姿，因為錯誤的坐姿，不但會讓身體曲線失去平衡，更會為腰部帶來負擔，造成腰部積存贅肉，大家不妨參照以下提供的正確姿勢來矯正。

1. **腿**：雙腿不交叉，兩膝蓋併攏，腳尖朝向前方。

2. **肩膀**：與站立時一樣，肩膀保持左右同高，並與椅背呈平行對立。駝背的人除了肩膀會向前傾以外，頭和頸部也會往前，所以除了要挺直肩膀，更要抬頭挺胸。

3. **背、腰**：椅子的款式雖有不同，但是一般來說，臀部一律坐在靠近椅子內側的三分之二處。坐著的時候，背脊不要完全緊貼椅背，自腰部開始的整個背部都要往上拉直，若是無法維持挺直姿勢，就將臀部往椅子深處移動，並且讓腰部貼緊椅背，而不是背脊。

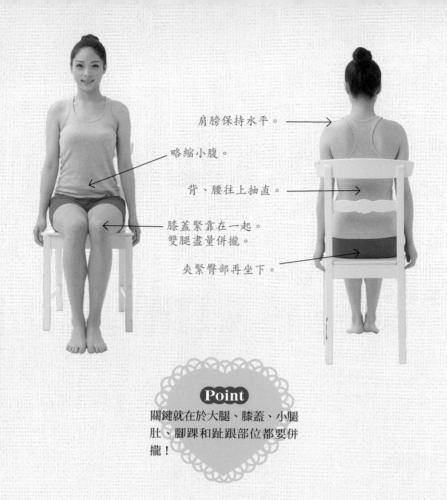

肩膀保持水平。

略縮小腹。

背、腰往上抽直。

膝蓋緊靠在一起。
雙腿盡量併攏。

夾緊臀部再坐下。

Point
關鍵就在於大腿、膝蓋、小腿
肚、腳踝和趾跟部位都要併
攏！

　　因為工作而長時間坐在椅子上時，身體會發出疲倦的信號，
這時最好起身活動筋骨，或者按摩雙腿以紓解緊繃的腿部神經；
坐下之前，最好先收緊臀部及小腹，再放鬆坐下，這是避免臀部
和小腹越坐越大的小祕訣。

　　無論坐在床鋪、沙發、地板，或是任何椅子上，腰部墊個抱
枕或枕頭會比較舒服，雙腿不要交疊或蹺腳，才不會歪曲腿型；
此外，即使是正確的坐姿，久坐也務必要起身動一動，不要當沙
發馬鈴薯一族。

矯正不良姿勢

「舒服就好」會使許多影響身體的不良姿勢相繼而出。家中的椅子你都用什麼方式坐呢？有些人喜歡半躺坐在椅子上或側臥在沙發上，雖然很舒服，但卻隱藏著腿型歪曲的危機！

錯誤姿勢大解密

前面已經教導大家選擇椅子的方式和正確坐姿，現在則要帶領大家認識各式各樣的錯誤坐姿，並加以改正。

坐在地板上時，你可以放輕鬆地將兩腿向前伸直，左右兩手自然擺放在地板上，避免盤腿坐或是雙手抱膝坐；遇到必須跪坐的情況時，則避免跪著的兩腳足大趾交叉重疊，切記腳背要與小腿一起伸直緊貼地面。

由於不良姿勢會直接影響腿型和身體健康，故請看以下幾個NG姿勢所隱藏的危機，請大家戒除錯誤坐姿的習慣：

NG1 躺坐

習慣將肩膀靠著椅背，腰部懸空，並用臀部壓著椅面的姿勢，如此腰椎將容易受傷，臀部也會備受壓迫，使得臀部越坐越大，下半身循環也因此受阻。

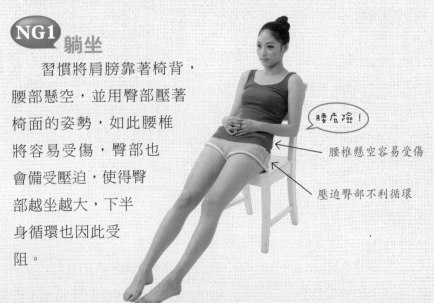

腰危險！

腰椎懸空容易受傷

壓迫臀部不利循環

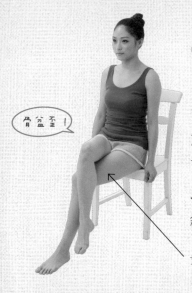

骨盆不正！

NG2 蹺腿坐

　　蹺腿看似優雅，卻是美腿殺手之一，習慣性翹腿的人，因抬高腿的重量會集中於另一腿，導致兩側骨盆一高一低，長久下來，容易造成行走不穩而左右晃動，所以坐姿不宜側重某一邊，以免造成骨盆歪斜！

重量集中在其中一腿，會讓骨盆傾斜。

NG3 駝背坐

　　千萬別彎腰駝背地坐在椅子上，健康的坐姿應是縮小腹、拉直背脊，才能避免囤積贅肉。

NG！

駝背坐著，重心在臀部上，會造成臀部變大。

OK！

挺直背部，感覺有一股往上的力量，腰部就不易累積脂肪。

NG4 跪坐

跪坐是日本人的常見姿勢，因為對他們來說，跪坐表示對客人的尊敬，但是長期呈跪坐姿勢，會壓迫腿部，使得雙腿變形。

壓力大！

臀部壓迫雙腿，易使腿型歪斜。

NG5 盤腿坐

這種坐姿不但有損女性的優雅形象，也很容易形成O型腿，並會傷害膝蓋軟骨。若膝蓋長時間彎曲受重，站起來時便會覺得膝蓋疼痛、麻痺。

膝蓋彎曲容易受到身體施加的重量。

傷膝蓋！

NG6 側臥躺

這個姿勢雖然看起來還滿性感的，殊不知肩背騰空會造成腰酸背痛，若骨盆長期因為側臥而被壓住，會導致骨盆高低不一。

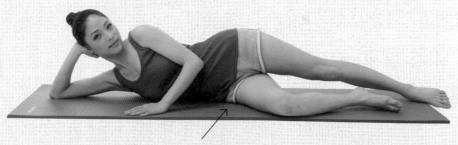

骨盆被壓住，會造成兩邊骨盆不對稱。

其實不少人都曾經做過不良姿勢，甚至在生活中早已習慣，即使現在沒有腿型歪斜或O型腿的問題，但習慣性地躺坐或駝背，很容易腰酸背痛，或是小腹突出，坐視不理的話，很有可能引起其他疾病，體態也將受到影響，所以請大家別再放任自己斜躺亂坐了！

而平時，我們也可做些小運動，來協助骨盆平衡，以下這組動作不僅能平坦小腹，還可防止雙腿受到錯誤姿勢壓迫而形成腫脹、變形的問題！

1. 全身放鬆地趴在地板上，腳背也盡量貼平地板。
2. 利用雙手手掌的力量，往上撐起上半身，維持此姿勢10秒鐘。
3. 注意肩膀要放鬆，並且下半身從小腹、大腿、膝蓋、小腿和腳背都應貼緊地面。

2-4
穿上絲襪
就開始瘦腿
Say goodbye to fat legs

透膚絲襪好還是高丹數絲襪優？
不管是什麼款式，只要穿上去，就會立刻開始塑腿！

絲襪的彈性可以雕塑雙腿

穿絲襪就可以瘦腿，是不是很神奇呢？絲襪的彈性成分的確
對雙腿肌膚有按摩效果，可消除雙腿疲勞，並能放鬆僵硬緊繃的
腿部肌肉。

彈性絲襪可以給予浮腫的雙腿適當支撐力，並且能促進血液
循環，丹數（Den）越高的絲襪，包覆雙腿的緊密度與塑腿效果
較好，但穿著的舒適度仍應留意。除了絲襪之外，市面上也有販
售睡眠時穿著的機能性塑腿襪，材質與絲襪不太相同，是由彈性
的萊卡布料織成，織密度更高，也是不錯的選擇；但選購絲襪或
塑腿襪的時候，要看清楚包裝上所標示的尺寸大小，確定尺碼是
否適合自己。其挑選重點在於，襪子必須貼合腿部，穿上去的時
候，襪口不會束緊雙腿，襪筒的紋路也必須平整而沒有拘束感。

穿絲襪的迷思

　　女生對於穿絲襪塑腿有一些錯誤觀念，多數人以為絲襪越緊，塑腿效果越好，但過緊的束縛反而會造成腿部血液循環不良；而且穿絲襪的時間過長或太短，效果也不好，如果只穿一下子，塑腿作用也不能發揮，但若是從早到晚都沒脫下，反而會過度壓迫雙腿，故時間大約以每天8小時最適當，若能正確穿著並持續執行，塑腿效果最好。

　　穿著絲襪時，要特別小心指甲勾破絲襪，否則絲襪的彈性壓力無法均勻分配到腿部肌膚，所以穿脫要特別留意。那麼接下來，就瞧瞧穿絲襪的正確步驟吧！

瘦腿重點小筆記：

❶ 準備好一雙絲襪後，從最底部腳尖的地方，對準襪子與腳的貼合處。

❷ 將腳底板先套進絲襪裡，確定絲襪的剪裁完全貼合到腳跟處。

❸ 手抓著絲襪，將絲襪的彈性拉到接近緊繃的地步，並由下往上順著絲襪的形狀和線條穿上。

❹ 拉到上方的時候，注意鼠蹊部必須與絲襪緊密貼合，再拉至腰部。

❺ 拉到腰部後，還不算是完成穿絲襪的步驟，最後要將手伸進絲襪裡，繞到臀部後方，用手掌的力量將兩邊的臀部往上托。調整臀後曲線時，要感覺絲襪的壓力平均分佈在腿部上，如此才算完成。

在這一PART裡，

Lynn分享了許多關於胖胖腿的故事，

而故事中的主角很可能就是你！

免緊張！

follow Lynn來做超簡單的腿部運動，

針對惱人部位一瘦再瘦。

PART 3

你必知的五種恐怖喔～
胖胖腿

Lynn說：「也許現在正在看書的人有胖胖腿的困擾，但卻不知道該怎麼瘦，你的煩惱Lynn都知道，所以Lynn現在就對症下藥，解決五種你不可不知的下半身疑難雜症。」

3-1
穿不上比基尼
的下垂臀

Say goodbye to fat legs

　　你是否發現自己總是坐著，幾乎不運動呢？小珊就是這樣的上班族，她整天坐在辦公桌前工作、打電腦、吃東西，即使離開座位去開會，也只是換張椅子坐，幾乎整天都沒什麼走動，即使如此，小珊也絲毫不以為意。

　　某一天，小珊意識到身材似乎有點不對勁，她漸漸發現自己的臀部越來越鬆垮，屁屁有下垂的情形，小腹也越來越突出，當她換衣服時，總是要費點力才能將大屁股塞進褲子和窄裙裡。好不容易穿上去，卻又緊地像要繃開般貼著臀部和腹部，如果坐下或起身時不小心一點，小珊還真覺得褲子隨時都要爆開。

　　看著腰臀的比例日漸懸殊，小珊只能乾著急！鬆垮的屁股就

像三層肉，讓褲子的皺褶特別明顯，當她穿內搭褲或緊身牛仔褲時，看起來像是有兩三個屁股，而且臀部的肉又扁又鬆弛，一點弧度也沒有。她一邊照鏡子，雙手一邊把下垂的臀部往上捧起，但一放手，臀部贅肉又隨著地心引力往下墜，小珊的心情也因此盪到谷底。

　　夏天到了，好朋友邀約小珊去海邊玩，她也很想穿上繽紛的比基尼，展露迷人

曲線參加海洋音樂祭，但是臀部
下垂的她究竟該如何解決呢？

缺乏肌力臀下垂

　　臀部是由臀部上方的臀中肌
和臀部中央的臀大肌所組成。臀
大肌是連結骨盆與大腿骨的肌
肉，包覆了整個骨盆，所佔臀部
面積最大；而大腿內側後方的肌
肉稱為大腿後肌，支撐著臀部的
重量，對於翹臀來說很重要。這三個部位的肌肉宛如鐵三角，必
須結實緊緻，才能擁有完美的蜜桃臀。

　　長期久坐的人，臀部肌肉因為活動量少而沒有力量，才變得
下垂鬆弛，如果身材纖瘦，臀部卻扁塌鬆軟，很明顯是肌肉缺乏
訓練所導致的肌力不足。

　　臀部下垂表示連結臀部的臀大肌、臀中肌和大腿後肌有退化
的現象，若加上飲食習慣不良，愛喝飲料、喜歡辛辣甜膩的重口
味食物，糖分和鹽分便容易累積在下半身，導致臀部肥厚，臀圍
也會越來越大，褲子自然穿不下。

　　臀部缺乏肌力並不會有太大的感覺，一開始，你可能只會覺
得自己臀部變大、很難瘦下來，褲子和裙子不好買而已。但是這
些徵兆若坐視不理，你會發現自己走路有外八的習慣，膝蓋容易
酸痛，髖關節在走路時也會發出「喀喀」的聲音，在日積月累
下，將慢慢演變成髖關節退化、膝蓋退化、坐骨神經痛等毛病。

臀型診斷

　　每個人的臀型或多或少都有不同，因為臀型會受到生活習慣和姿勢所影響，而長期的姿勢不良更可能衍生病變，且隨著年齡增長，臀部肌膚會漸漸失去彈性，並受到地心引力的影響而下墜。大家可依據下列臀型來觀察自己的臀部，以及早預防改善。

1. **蜜桃臀**：臀部肌膚緊實，雙臀圓潤，是非常理想的臀型。如果你屬於蜜桃臀，表示平時有運動習慣，所以臀部周圍的肌肉緊實有彈性，請繼續保持下去。

2. **扁塌臀**：臀型沒有圓滑的弧度，且臀部下緣皺紋多，膚質也非常粗糙。過瘦的人容易出現扁塌臀，除了表示臀部肌肉「無力」，飲食不均衡也導致臀部脂肪不足，難以支撐。

3. **方形臀**：臀部和大腿部位寬大厚實，外在贅肉多，且體內脂肪比例高，是俗稱的「大屁股」類型。這種臀部通常附著在全身肥胖的厚片人身上；如果發生在上半身瘦，而下半身肥胖者，表示骨盆外擴，雙腿則有O型腿的現象。

4. **老化臀**：雖然臀部沒有過多脂肪，但由於歲數漸長，導致臀線下滑，情況類似胸部下垂。老年人的各部位肌肉都會漸漸退化，肌肉的支撐力也會變小，臀部肌膚也因此喪失彈性。

　　以下為臀部比例對照表，請大家參照臀圍數據，再比照自己的身高、體重和三圍是否符合標準。如果臀部大於標準臀圍5公分以上，顯示臀部過於肥胖；若數字小於標準5公分以下，代表臀部可能有下垂扁塌的現象。

臀部比例對照表

單位：cm

身高	胸圍	腰圍	臀圍	體重
150	80	55.5	81	48
155	83	57.5	84	50.5
160	85	59	86.5	53
165	87	61	89	55.5
170	91	63	92	58
175	93	65	94.5	60.5

在了解標準的臀圍比例後，無論是超標或在範圍內，我們都應注意日常的穿著小細節，藉此調整或維持原先的標準臀型！

1. **不要穿不合身的服飾：**穿著太緊的牛仔褲或內褲會將臀部的肉肉擠出來，臀部會因被壓迫而變形。

2. **不要穿不合腳的鞋子：**有些女生會遷就漂亮的鞋子，硬是把腳塞進鞋裡，穿太緊的鞋會使雙腿無法走正常的直線，連帶影響臀部的平衡。

除了注意服飾和鞋子的穿著要領外，臀部按摩和腿部運動，更能雕塑臀型曲線，故建議大家可以經常進行以下兩款按摩和臀部動作，藉此緊實臀大肌和臀中肌，鍛鍊出完美的S型體態，擁有令人垂涎欲滴的蜜桃翹臀！

臀部按摩

利用手掌有效提臀

美麗的臀部曲線只要靠勤勞的雙手就能辦到喔～

有時候看完一場冗長的電影，臀部會有麻痺感，這是臀部因壓迫太久，循環受阻所出現的情形。若能適時站起來走動，或是利用些許空檔，以雙手按摩臀部，就能刺激臀部肌肉並促進循環。

1 雙手按住腰側

將兩手手掌稍加施力按壓腰部，使腰部有輕微的酸痛感；接著，兩手以緩慢的速度，往外推壓至兩旁的腰側。

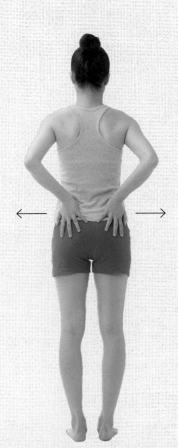

Point

兩手移到臀部後方時，不要用力擠壓臀部，以免臀型變得扁平。

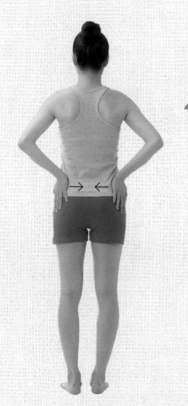

2 向內側推壓

兩手緩慢地從腰側往後
向臀部的方向推壓,兩
手經過髖關節時,可施
力往內推。

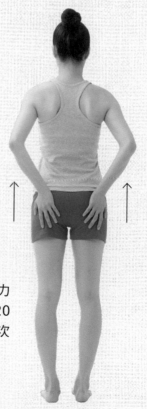

3 臀部向上拉提

兩手移到臀部後方時,要放輕力
道,並捧住臀部往上拉提約20
秒,然後輕柔放下。重複做3次
提臀手法。

難易度 ★★★★★

前後伸展使臀部Q彈

手腳前後伸展讓臀部up! up!翹翻天吧～

　　下垂的屁屁表示臀部已失去彈性，使整個下半身都隨著重力下墜，為了使臀部恢復Q彈，必須訓練臀部肌肉，只要手腳並用的前後伸展，就可以讓垂頭喪氣的臀部重新振作！

Tips

四肢著地的預備動作必須注意手臂一定要伸直；腳背則盡量貼近地面，以分散身體重量。

1 四肢著地

採跪姿，雙膝打開，雙手手掌撐地；背部挺直，不拱起也不下壓。

2 手腳拉伸

右腳向後延伸舉起離地，保持身體穩定後，再將左手向前拉伸並與地板平行，維持此姿勢20秒。

穩！

3 保持身體平衡

換成左腳向後延伸舉起離地，保持身體穩定後，右手向前拉伸並與地板平行，腳盡量向後，手則盡可能往前拉伸，並注意保持平穩，維持此姿勢20秒。手腳交替重複各做2次。

平行

3-2
與短褲絕緣的
橘皮大腿
Say goodbye to fat legs

　　剛洗完澡的琳琳用手捏起大腿內側的肉，她觀察到皮膚表面有四凸不平的橘皮組織，不禁皺起眉頭，並在大腿上塗抹號稱能消除惱人橘皮的按摩霜，又揉又捏又捶，巴不得搯細自己的腿。

　　而琳琳的衣櫥裡有一件夏日限定的迷你短褲，她早已在心中暗暗立誓要穿上它，露出美麗修長的雙腿，但是頑固的橘皮組織依舊不動如山地附著在大腿上，即使花了大錢買下昂貴的名牌按摩霜，每天勤勞的塗抹，大腿還是又肥又粗，那件迷你短褲終究還是待在衣櫥裡不見天日。

　　食量不大的琳琳實在不曉得為什麼橘皮組織會攀附到腿上，她早上通常只喝一杯冰摩卡巧克力碎片或一碗酥皮濃湯，中午也只吃便當裡的炸排骨或炸雞腿，白飯和配菜都省略不吃；下午茶只喝一杯珍珠奶茶外加一小塊奶油蛋糕，為了瘦身美腿，晚餐則是完全不吃，如果真的餓到頭昏眼花才會吃幾顆小糖果或巧克力。

　　琳琳偶爾打開衣櫃看看那件性感俏麗的迷你短褲，她用手摸著，心想，不曉得何年何月才能穿上它？

代謝不佳生橘皮

橘皮組織（cellulite）這個名詞源自歐洲，即一般所說的「浮肉」，意指皮下脂肪的體積變大，加上身體各部位的脂肪厚度不同，導致皮膚表面凹凸不平，就像橘子的表皮。

事實上，塗抹按摩霜並不能有效打擊脂肪，因為按摩霜的成分無法深入皮下脂肪層，頂多只能當作乳液，保養腿部肌膚。雖然按摩霜配合手部推揉，的確可以放鬆肌肉、促進代謝，但是力道不宜過大，如果按到瘀青反而會使雙腿酸痛腫脹。

女性容易有橘皮

橘皮的好發部位在女性的大腿、腰腹、臀部和手臂，男性則較少有橘皮的困擾，因為男性的皮膚結構較為緊密，女性的皮膚組織則較為鬆散，容易讓脂肪趁虛而入。雖然女性的脂肪量天生比較多，但下半身囤積的脂肪通常是因為運動量不足，導致身體新陳代謝變慢，體內多餘毒素和脂肪無法排出體外而累積成難以消滅的橘皮組織。

飲食和橘皮組織

代謝能力和飲食習慣的關係非常密切，如果平時吃太多油膩食物，並且喜歡喝含糖飲料，一旦糖分和油脂超過身體代謝的負荷量，就會完全轉換成脂肪儲存於體內，而脂肪和肌肉的比例失衡，胖胖組織就會找上身。以前文琳琳的故事為例，雖說她的食量很小，但吃進的食物，不是高糖就是高脂，總熱量相當驚人，脂肪當然也就在無形中生成！

大家可以想想，相同份量的黑咖啡和焦糖榛果拿鐵、一樣多的蘿蔔清湯和玉米濃湯、一樣大的海綿蛋糕和巧克力奶油蛋糕，以上列出的咖啡、湯品和甜點，哪一種熱量比較高？這時，不妨先觀察上述食品的外觀和內容物，便能得出誰是造成肥胖的兇手！

而市面上販售的咖啡通常會擠上奶油花、濃湯裡也加了不少奶油，珍珠奶茶也含有大量的奶精，而奶精和奶油說穿了就是脂肪，如果放縱口腹之欲而沒有節制，身體的肌肉就會漸漸被脂肪取代，橘皮組織也會生長地一發不可收拾。

被橘皮組織佔領的部位不僅會鬆垮下垂，也很容易佈滿細紋，腿部肌膚也顯得暗沉無光。若懂得利用雙手按摩、進行簡易的瘦腿運動便可以消除局部紋路、緊實肌膚，藉此活化下半身循環，以下提供兩款按摩手法和腿部運動給讀者參考，讓大家光坐著就能打擊橘皮組織。

大腿運動

坐著也能瘦大腿

輕輕鬆鬆緊實大腿內側絕對辦得到～

雖然坐著的時候容易壓迫下半身，導致循環不良，但是如果坐著時，也能利用雙腿做運動，不僅可以美化腿型，還能分散身體的重量，脂肪就不會集中在同一部位形成橘皮組織。

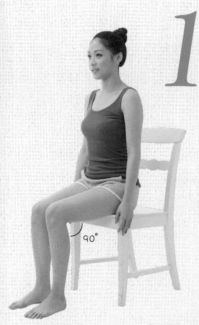

1 膝蓋垂直彎曲

坐在椅子上，背脊打直，肩膀放鬆，雙腿彎曲呈90度。

Tips

雙腿夾緊的時候，大腿內側會有酸緊的感覺，每夾30秒可以放鬆休息一下，然後再繼續併攏夾緊。

2 雙腿夾緊

在兩腿膝蓋之間夾著一本雜誌，或選擇厚度約1~2公分的書籍，用力夾緊30秒。雙腿併攏夾緊共做4次。

難易度 ★ ★ ★ ★ ★

捶按壓瘦大腿

加強大腿線條，在家看電視就可以做囉～

大腿肥胖問題是很多人的煩惱，市售的瘦腿霜也因此成為暢銷品，但這類塗塗抹抹的產品效果有限，若能搭配正確手法按摩腿部，才能使瘦腿效果加倍；現在就用拳頭、指關節和指腹對準大腿的胖胖部位施力吧！

1 握拳上推

坐在椅子上，一手握拳，利用四指關節緩慢由下往上按壓5秒鐘。

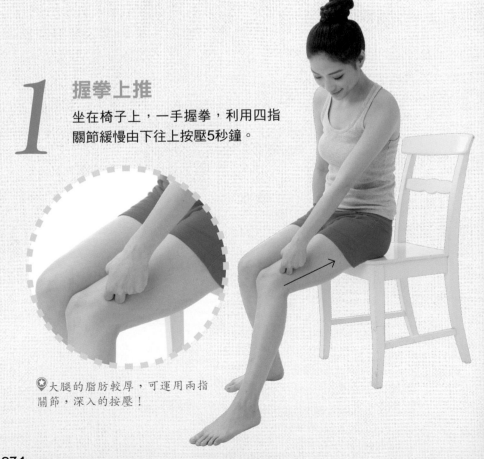

💡大腿的脂肪較厚，可運用兩指關節，深入的按壓！

2 push堵塞的經絡

往上按到大腿中段，此部位的經絡容易堵塞，需深入按壓15秒。

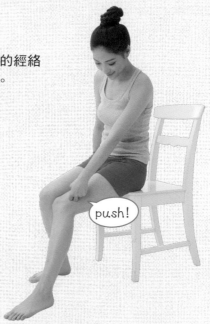

push!

◉左右滾動四指關節，以疏通經絡！

3 往上深深推壓

拳頭慢慢往上，推壓至大腿上方後結束。重複手法共4次。

◉除了按壓之外，也可以用輕敲的方式捶擊脂肪肥厚的大腿部位！

deep!

end!

Point

按壓時，若感覺皮膚深處較硬，表示此部位的經絡堵住，應多加按壓以疏經活絡。

3-3
牛仔褲拉不上來的
粗壯小腿

Say goodbye to fat legs

　　秀秀是個子嬌小的女生，矮人一截又愛美的她，最喜歡穿高跟鞋趴趴走，因為高跟鞋可以讓身高比例看起來更完美。

　　雖說秀秀早已習慣穿著高跟鞋趕公車、走樓梯和逛街，但一般人穿這麼高的鞋子不僅容易磨腳，甚至走路也會搖搖晃晃，不過她卻是樂在其中，一點也不以為苦。

　　有一天，秀秀在逛街的時候，看中服飾店裡的一條牛仔褲，廣告詞寫著這條牛仔褲穿起來有提臀和修長雙腿的效果，她立刻走進店內請店員給她試穿，當她準備套上時，卻發現牛仔褲卡在小腿上，秀秀這才發現自己的小腿不知從何時開始變得如此粗壯，小腿肚摸起來竟像石頭般一樣硬。

　　卡在小腿的褲子讓秀秀費了一番力氣才脫下，她才剛從試衣間走出來，店員立刻含笑上前詢問需不需要包起來，秀秀尷尬地搖搖頭，表情為難地說：「不用了。」並默默將牛仔褲放回架上。

　　走出服飾店的秀秀難以置信地低頭看著小腿，她一臉挫敗，並暗自心想，等自己的小腿瘦下來，一定要再回到這間店買下那條牛仔褲！

肌肉突出小腿壯

　　小腿粗壯的人是因為運動或生活習慣所致，像是經常集中訓練的運動員，若平時就利用小腿的肌肉力量運動，小腿肌便會特別突出。

　　像是騎腳踏車、跑步、穿高跟鞋等，都會經常使用到小腿的肌肉，而肌肉纖維要變強壯，才能承受騎腳踏車和穿高跟鞋走路的運動量，久而久之，整支小腿便會越來越結實粗大。而且運動後，肌肉細胞會產生大量乳酸堆積在肌肉纖維內，不僅小腿容易疲累酸痛，長久下來小腿也會更加粗壯。

穿高跟鞋走路

　　穿高跟鞋走路一定會比穿平底鞋更費力，而且高跟鞋接觸地面面積少，所以走路較容易不穩。建議大家日常生活中要避免穿著高跟鞋，如果在某些場合非穿不可，請按照以下提供的走路方式，可減少雙腿壓力。

1. 上半身挺直，保持穩定，肩膀放鬆，下巴略收，頭部不要前傾，否則重心會不穩。

2. 走路時，抬起大腿並帶動小腿的力量邁出步伐，不要單獨用小腿走路，這樣會增加腿部的負擔，而且儀態不好看。

3. 跨步時，以鞋底中心略往前的部位著地。若用腳尖著地會讓小腿壓力增加，導致靜脈曲張；用腳跟著地的話，會使鞋跟產生

不悅耳的聲音，重心也容易向後傾斜。

4. 兩腳沿直線前進，不要刻意交叉雙腿，也不要走得歪七扭八。

5. 手臂不要東甩西甩，輕鬆自然地隨腳步擺動即可。

騎單車瘦腿法

　　女生們害怕小腿變粗而不敢跑步或運動，這是錯誤的觀念！以騎腳踏車來說，時下流行的輕便小摺比較小台，所以騎的時候，腿無法完全伸展，因此容易使小腿出力而造成肥壯。這時只要將腳踏車調整到腳可以伸直的高度，如此小腿就不容易變壯。以下將為大家詳細介紹騎單車瘦腿的注意事項：

1. **調整座墊高度**：單車的踏板踩在最低點的時候，整條腿應為伸直不緊繃的狀態。所以，請勿在踩單車的時候，使雙腿無法伸直，否則小腿肌肉會因難以舒展而容易變粗。

2. **正確踩踏位置**：腳後跟必須踩在踏板的中心位置，才能善用雙腿各部位肌群，以降低運動傷害。若使用前腳掌或腳尖踩單車踏板，會過度運用小腿後側肌肉而造成肌肉疼痛，形成「蘿蔔腿」。

3. **正確的膝蓋方向**：騎單車為一個直線運動，膝蓋、腳尖都要朝向正前方。若腳尖朝外踩踏，會造成膝蓋向外擴張，容易變成O型腿；但腳尖若朝內踩踏，則會使膝蓋向內，變成內八腿型。

4. **正確的手部位置**：騎乘單車時，肩膀要保持平行放鬆，不要聳肩；雙手輕握手把，手腕打直但不緊繃，手肘則微微向內彎曲，緩衝從路面傳來的震動。

5. **正確的坐姿**：雙手摸臀部內側時，會找到兩個突出的點，稱為

「坐骨」，這兩點坐骨應坐在車墊較厚的兩側，如果沒坐穩，會在騎單車時對骨盆造成傷害。

慢跑瘦腿法

　　除了騎單車，慢跑運動也常被認為腿會變粗；原因在於慢跑姿勢不正確，便會產生運動傷害，連帶使雙腿變壯。以下是慢跑瘦腿的注意事項，提供給大家運動時參考。

1. 慢跑的過程中，必須先以腳跟著地，落地時膝蓋微彎，以緩衝身體向下的重量；接著從腳跟帶動至腳掌，用滾動的方式由後往前，使腳底每一處都能接觸到地面，才能平均分擔體重。

2. 慢跑前要伸展肌肉，提高體溫，才可以有效燃脂。

3. 不要駝背慢跑，否則容易變內八跑步，腰部須保持挺直。

4. 跑的時候避免蛇行，雙腳應朝直線前進，彎來彎去會造成小腿的負荷，導致腿部肌肉太過發達而變粗。

5. 無須刻意將步伐拉大，以免拉傷，可保持輕鬆的規律前進。

6. 剛開始起跑時，會覺得身體較為沉重，雙腿肌力也不足，所以跑的速度不宜過快，一下子就提高運動強度，反而會讓雙腿肌肉緊繃、粗壯。經過10分鐘後，雙腿已習慣並進入慢跑狀態，肌力也會自然提升，可試著提高跑速，但跑的時間必須連續維持20分鐘以上，才有瘦腿消脂的效果。

　　另外，很多人在運動完後，會感到腿部肌肉緊繃和疲勞，因此有雙腿變粗的錯覺，但其實運動後，只要充分休息，再搭配本書介紹的按摩和拉筋運動，小腿絕對粗不了！

難易度 ★ ★ ★ ★ ★

推推小腿變勻稱

膝蓋可以推揉硬邦邦的小腿肌肉喔～

很多人的大腿不胖，反而是小腿肚又粗又結實，像是有一大塊肌肉，平時除了走路也沒有特別鍛鍊小腿，為什麼會這樣呢？這是因為我們經常以錯誤的姿勢活動小腿，使其不自然的變粗變硬，而按摩可以鬆弛緊繃的肌肉，避免小腿繼續石化！

1 利用膝蓋按壓

坐在椅子前緣三分之一處，將右腿的小腿肚放在左膝上，利用左膝按壓小腿肚，會產生酸痛感。

Point

平常站立的重心都在腿上，小腿會受到不少壓力，所以用膝蓋按摩小腿肚一定要由下往上才能紓解腿部壓力。

2 下滑推壓小腿

右腿以緩慢的速度由下往上推壓小腿肚。可將小腿肚均分為3等分，各推壓5秒鐘，藉此緩解肌肉緊繃感。兩腿交替各推壓2次。

拉伸小腿就會細

隨時拉筋伸展打造極細小腿～

習慣穿高跟鞋或施力不當的人，都會讓小腿僵硬並使腿型粗壯，除了按摩放鬆腿部肌肉外，經常拉伸小腿肌肉，還能使其越來越纖細，不會讓腿部肌肉有糾結成一塊的感覺。

1 手握椅桿

兩手抓著椅背的橫桿，向外張開與肩同寬的幅度。

Point

兩腳的腳跟一定要踩在地板上，才能有效拉筋，提升腿部的柔軟度。

2 前弓後箭

採右前左後的弓箭步姿勢，右腳膝蓋彎曲程度以不超過右腳趾尖為主，左腳伸直，腳跟著地，拉伸小腿肌肉15秒鐘。兩腿交替拉伸各做4次。

著地

3-4
只好放棄迷你裙的浮腫腿

Say goodbye to fat legs

　　珍妮是一家服飾店的店員，也是一名超級售貨員，她非常擅於打扮自己。漂亮的她彷彿是服飾店的活招牌，她獨有的時尚品味，也總是幫顧客搭配出最適合的穿著，因此回客率相當高。

　　珍妮的服裝生意非常好，經常連續站八、九個小時都沒能坐下來休息，工作勞累的關係導致她的雙腿腫脹，當珍妮穿上她最愛的迷你裙照鏡子時，才發現裙下的一雙腿不僅浮腫，看起來還很胖，大腿和小腿的比例與線條也變得不明顯，簡直就像兩根柱子一樣。

　　因為工作忙碌的緣故，有時候一整天下來，珍妮連上廁所的時間都沒有，甚至喝水的時間更是少之又少；三餐更追求「快狠準」，通常買便利商店或速食店的三明治便解決一餐，或偶爾以泡麵和麵包裹腹，殊不知這些生活習慣是使她腿型浮腫的元兇。

　　泡麵裡的調味粉，還有三明治和麵包裡的火腿、肉鬆等配料，都會造成水腫腿；這類食物因較鹹，會使體內水分無法正常排出，進而導致雙腿浮腫。難道愛漂亮的珍妮，無法再度穿上俏麗的迷你裙嗎？

淋巴循環受阻腿浮腫

長期坐著或久站都很容易造成雙腿水腫，所以像是辦公室裡的上班族或整天站立的服務業都深受雙腿腫脹之苦。

腿部血液難回流

久坐和久站的人腿部循環不良，所以當血液和淋巴液流至下肢時，會使下肢靜脈的血回流困難，進而瘀積在靜脈內，血管內的壓力也會因此增加，部分血液便滲透到血管外的皮下組織間隙，產生水腫現象。

有些人以為水腫是喝太多水，其實應該這麼說：若補充了足夠的水分，不可以忍耐不上廁所，因為有憋尿習慣的人，會讓身體無法排出多餘的鹽分、水分和體內廢物，進而堆積在體內，產生局部肥胖和水腫的情形。

體內循環不好的人，用手指按壓下半身的皮膚深處會感到疼痛，甚至還會摸到像硬塊般的肌肉糾結，而且特別容易虛寒怕冷，這類型的人要多按摩促進血液循環，讓身體恢復原來的機制，不妨偶爾泡個熱水澡，以加速體內循環。

此外，增進腿部循環最好的方式就是要多動，因活動時，體溫會升高，血液循環就會加快，身體的代謝力也會提升，以下介紹兩個消除腿部浮腫的運動，請大家一起動一動！

腿部運動

躺著也能消浮腫腿

請和長期水腫的浮腫腿說bye bye～

　　水腫的雙腿可以說是一種「假性肥胖」，水腫腿是因為長期不良的生活習慣而致，要瘦下來其實不難，只要改掉重口味的飲食習慣，配合簡單的按摩和運動，很快就可以使雙腿恢復勻稱。

1 放輕鬆躺下

全身放鬆躺平，注意不要聳肩，
並保持均勻呼吸。

肩膀放鬆

Point

身體保持放鬆，平躺在地板上，雙腿自然伸直擺放，不要用力挺起。

2 抱腿貼近

雙手環抱右膝，稍微用力使右膝盡量貼近右胸，並停留10秒，再緩慢還原。

10秒

3 左腿重複

接著將雙手環抱左膝，稍微用力使左膝盡量貼近左胸，並停留10秒，再緩慢放下。兩腿交替各做3次。

用力！

翹高小腿循環好

雙腿抬高高就能速速消水腫～

　　由於雙腿要經常承受全身重量，長此以往容易出現水腫，所以多做一些抬高雙腿的運動，能使腿部循環由下而上更順暢，雙腿就不會浮腫，甚至還能訓練腿部比例和線條。

1 雙腿伸直站立

準備一張椅子，雙手輕鬆搭在椅子橫桿上，全身放鬆但不要駝背，兩腿伸直站好。

Point
盡量放鬆身體並把動作放慢，維持全身穩定，才能達到運動功效。

2

身體保持穩定

一腿盡量往後延伸，上半身保持挺
直平穩，不要聳肩，並維持此姿勢
10秒鐘。

3

伸展至極限

伸直的腿向後延伸到極限後，膝蓋彎
曲，小腿往上翹起拉伸，維持此姿勢
10秒鐘。兩腿交替各做3次。

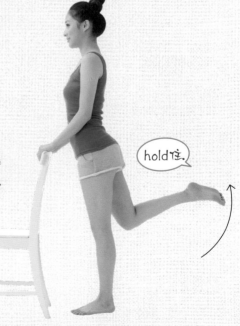

3-5
天生無法穿涼鞋的
粗腳踝
Say goodbye to fat legs

　　小慧是個長相可愛的高中女生，個性相當活潑，平時最喜歡和一群好朋友到處享受美食，或是出門遊玩，是很好相處的女孩。

　　小慧吃東西的時候有個習慣，無論她吃什麼都喜歡加調味料，吃陽春麵的時候總要挖幾匙辣椒醬加進去才夠味，吃一小包薯條則要擠半罐番茄醬配著吃，甚至白飯都要淋點醬油膏才美味。雖然食量不大，但是每餐都吃重口味，有時候一包洋芋片就當作一餐，身材沒有特別胖的她，只有小腿和腳踝比較粗。

　　然而小慧是「愛鞋成癖」的女生，每到夏天便採購一堆美麗的涼鞋，但卻幾乎沒有穿出門，因為小慧有一雙粗糙又充滿細紋的腳踝，這些細跟，以及水鑽裝飾和細帶的涼鞋只會顯得雙腿又胖又醜，所以她根本不敢穿出門。

　　此外，腳踝很粗的小慧每到冬天就想買靴子，但是每次試穿時，腳踝總是卡在靴子裡動彈不得，根本無法好好行走，逼得她只好打消買靴子的念頭，而粗腳踝的困擾則讓她自卑不已。

搶救胖腳踝

你是否因腳踝粗腫而有買鞋子的困擾呢？腳踝較胖的人，買高筒的鞋子或靴子時，即使鞋子尺寸剛好，鞋筒卻會因太緊而卡著腳踝，走起路來一點都不舒服。

腳踝這個部位，平時若沒有特別活動，通常是不易運動到的，尤其若經常穿拖鞋或是鞋底較硬、太寬鬆的鞋子，走在柏油路或平坦堅硬的地面上，更容易讓腳踝變得僵硬，致使腳踝上的橫向皺紋更深、更明顯。

腳踝水腫的原因

一般的胖腳踝通常是水腫和脂肪所引起，而判斷水腫的依據，就是用手壓壓看腳踝部位的肌膚，若壓下去時皮膚凹陷，必須過了好幾秒才慢慢彈回來，即表示腳踝有水腫現象，想要克服一定得先找到原因。以下便是引起腳踝水腫的各種可能性，再請讀者依據自身狀況判斷。

1. **腎病型水腫**：腎臟病患的腎功能受損，使得體內水分和鹽分無法被腎臟過濾排出，造成腳踝水腫的現象。

2. **肝硬化水腫**：肝硬化而引起的下肢水腫，除了可能有慢性肝炎或長期飲酒的病史外，有時還會伴隨黃疸症狀。

3. **心臟型水腫**：因為心肌肥大、心臟衰竭或心臟病而引起收縮不良，加上缺少運動，使下肢肌肉收縮不足，下半身靜脈血液及

淋巴中的組織液回流心臟的速度變慢，進而累積在下半身，並造成下肢水腫。這類型的人平時爬樓梯、走路都很容易喘，嚴重時還會感到呼吸困難。

4. **飲食不當**：腳踝水腫通常出現在下午或晚上，因為下午以後的活動力減少，加上平時沒有運動習慣；晚餐吃太飽，或是吃太鹹的食物會不容易代謝、消化，因此造成水腫。

5. **藥物型水腫**：某些降血壓藥物、消炎止痛劑、減肥藥物等，因含有類固醇類的成份，故會引起水腫。

6. **生理期水腫**：以20～40歲的女性居多，因經期變化會影響水分代謝，使得很多女生在生理期前一週會開始水腫，水腫部位通常在腳踝和胸部，此時體重可能會上升1～2公斤，等到生理期結束之後，又會逐漸恢復原狀。

7. **懷孕型水腫**：懷孕的時候，隨著子宮裡的寶寶越長越大，子宮也會被撐大，因而壓迫到靜脈血管，造成下肢血液回流受阻，腳踝也會因此腫大。

消除腳踝水腫

因身體水腫而求醫時，醫師會經由患者的病史與生活作息，判斷可能引起水腫的原因；有時候為了安全起見，還會做一些基本的心臟、肝、腎功能檢查，以確保是否跟疾病有關。

如果腳踝水腫和疾病相關，一定要遵循醫師建議，通常把病症治癒後，水腫問題也會解決；但多數人的水腫與疾病關係不大，反而是日常作息的影響之下造成水腫，若是這類型的人，請按照以下指示進行，解除腳踝水腫的危機。

1. **腿部運動**：長時間不運動，會使下肢的循環能力變差，而引起

水腫，多做腿部運動則可以促進雙腿循環。

2. **沖冷水**：以冷水沖擊腳踝，可以刺激並按摩腳踝肌肉，促進下肢循環。

3. **限制鹽分**：飲食盡量清淡，體內才不會累積過多鹽分而引起水腫。

脂肪量超標

　　腳踝本來是不太會產生脂肪的部位，但是隨著現代人的飲食口味越來越「重甜」，脂肪也悄悄住進腳踝裡。試著捏起腳踝的肉，如果捏起一坨一坨的肉，表示腳踝有大量脂肪；其實，很多人都不知道調味醬料含有大量的糖、鹽，包括醬油膏、番茄醬、關東煮醬和辣椒醬等，若經常食用，容易吃進過量的鹽或糖，導致體內累積水分，產生水腫，甚至囤積脂肪。

　　而平時不運動的人，脂肪大多會累積在下半身，其中腳踝就是囤積脂肪的一個部位。有些人以為腳踝比較粗是因為骨架大，其實是不正確的。大部分的原因是吃進過量脂肪，加上循環欠佳，使得鹽分、毒素和脂肪堆積體內，讓原先就代謝不良的腳踝，更容易粗腫。

　　所以，為了改善惱人的胖腳踝，吃東西的時候要改掉沾醬習慣，或是加開水稀釋醬料，醬料和水的比例約1：3為佳。而各位讀者也可配合接下來的腳踝運動，以一網打盡水腫和脂肪。

打擊腳踝脂肪的前後運動

讓腳踝前前後後跳恰恰就會變纖細～

　　腳踝脂肪是很頑強的胖胖組織，因為平時不容易運動到腳踝，所以不知不覺間，累積許多脂肪也渾然不覺。以下有一款簡單的腳踝運動，可以有效活動整圈腳踝、瓦解脂肪，現在就坐下來試試看吧！

1 雙腿伸直

兩腿伸直坐在地板上，腳踝與肩膀都要放鬆，不要駝背。

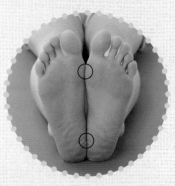

♥雙腳併攏，腳跟和腳掌的內側盡量緊靠在一起！

2 一前一後伸展

右腳掌往下壓，左腳掌向身體後拉
10秒，讓腳踝出現緊繃感，此時
左小腿肚也會有被拉緊的感覺。

💬上半身保持平穩不動，
腳跟要緊靠在一起！

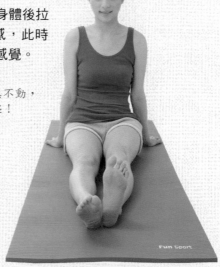

3 拉伸腳踝至緊繃

左腳掌向下壓，右腳掌往後拉10
秒，腳踝維持緊繃感，右小腿肚一
樣有被拉緊的感覺。兩腳交替重複
各做2次。

Tips

做腳踝的前後運動時，速度要盡
量放慢，才能徹底拉伸腳踝。

Lynn準備拿出看家本領，

教大家簡單易達成的瘦腿妙招，

跟著Lynn學習按摩推推脂和微流汗瘦腿操，

並留意各組動作中提醒大家的瘦腿point，

還有運動必須注意的tips，

以確實瘦到你超級在意的胖胖部位。

PART 4

1+1三分鐘
速速瘦按摩瘦腿操

Lynn說：「瞎咪！你的下半身肥胖沒有在上一PART
解決！那就趕快跟著Lynn one模～two模～加按摩，慢～
慢～動～就能速速瘦！一網打盡局部肥胖，徹底消滅胖胖
腿。」

4-1
嗶嗶嗶！
瘦腿運動前請注意
Say goodbye to fat legs

運動一段時間後，
體溫會升高，便可以加速消耗體內多餘脂肪。

瘦腿運動須知

　　做瘦腿運動前一定要全盤了解自己的身體狀況，因為每個人對運動的負荷能力不同，有些人可以連續做半小時的瘦腿操，有些人則是做不到幾分鐘就氣喘如牛；評估自己的體能可以做多少運動量，再慢慢增加才正確；盲目地讓自己運動到筋疲力盡，不僅容易有運動傷害，也無法達到消脂塑腿的目標。以下便來告訴大家從事瘦腿運動時的注意事項。

1. 做瘦腿運動時，必須保持均匀呼吸，強度以微喘和略微流汗的程度為主，如果運動強度大到讓自己喘不過氣，那就是錯誤的運動方式。

2. 穿著材質舒服、透氣且吸濕排汗的運動服為佳。女性運動時不宜穿有鋼圈的胸罩，因彎腰活動會感受到鋼圈的擠壓，導致運動時拉傷胸肌，故可改穿包覆性佳和彈性好的運動內衣。

3. 雖然瘦腿運動的強度不高，但仍要隨時補充水分。

4. 除了瘦腿操之外，也有很多運動都能達到瘦腿成效，但每個人應依據自己的體能選擇合適的運動強度。例如年長者適宜從事快走、體操、爬山等衝擊性較低的活動；年輕人則可以嘗試跳繩、慢跑等，但運動前別忘了拉筋、做暖身操，以免受傷。而大家可以根據以下的運動特色比較表，選擇適合自己並感興趣的運動。

各種運動特色比較表

運動項目	瘦腿部位	消耗熱量（kcal）
快走	大腿、小腿、腳踝	109/30分
慢跑	全身	329/30分

運動項目	瘦腿部位	消耗熱量（kcal）
舞蹈	全身	177/30分
游泳	全身	412/30分
羽毛球	全身	179/30分
騎腳踏車	腳踝、大腿、小腿	109/30分
跳繩	腳踝、小腿、臀部	315/30分
籃球	全身	210/30分

瘦腿操激瘦功效

　　進行瘦腿運動的過程中，不僅會用到腿部與臀部的肌肉，當你感到微喘時，還可調整呼吸使之更深，以提高血液中的含氧量，如此一來，夾帶氧氣的血液會循環至體內的淋巴系統、肌肉、五臟和腦細胞，讓氧氣轉換成能量供人體使用，人體一天所需的能量就要消耗約500公升的氧氣。

　　在運動過程中，心跳會變得比較快，藉此增加肌肉的血流量，讓更多的氧氣輸送到肌肉，並帶走細胞代謝的廢物，身體循環好，毒素就不會在手臂、大腿、臀部、腳踝等部位堆積。

　　然而，有的女生會說：「我才不要運動，運動會讓我有肌肉，變成金剛芭比。」這樣的觀念其實是錯

誤的，想要變瘦或是讓腿部的線條更漂亮，一定要肌肉多於脂肪，雙腿才會緊實而不像贅肉般鬆垮；所謂的肌肉並非像健美先生那樣刻意練成的大塊肌，因健美先生的肌肉是需要下一番工夫才有辦法練成，一般人並不會那麼容易就成為健壯的「金剛」。所以想緊實腿部線條的人別再猶豫了，等一下就從翻到後面，從3分鐘的瘦腿運動開始吧！

身體有氧腿就瘦

如果體內含氧量充足，便可以游刃有餘地完成瘦腿運動。所以接著就來教大家，吃東西就能增加身體含氧量的小撇步吧！

1. **用餐七分飽**：餐後通常都會喝水，但是吃飽再喝水，腹部難免會太脹，吃七分飽再喝水，便能輕鬆增加含氧量。

2. **多吃含氧量高的食物**：含氧量高的食物指的是蔬果類等鹼性食物，肉類則屬於不含氧的酸性食物。建議大家多食用楊桃、草莓、花椰菜、胡蘿蔔等。

3. **進行有氧運動**：有氧運動能增加呼吸的次數和速度，以順利吸收氧氣，常見的有游泳、慢跑、跳繩和有氧拳擊、舞蹈等。

增加身體含氧量，不僅在工作、上學時會覺得精神抖擻，還能免除運動後產生的疲勞感，瘦腿操的成效更因此發揮得淋漓盡致。

4-2
瘦腿運動前後的暖身操

Say goodbye to fat legs

暖身操可以避免運動傷害，
是必做的舒緩動作，千萬不可忽略暖身的重要性！

 勤暖身零傷害

從事任何一項運動之前，適當地做一些扭扭腰、擺擺臀、拉拉筋等暖身操是很重要的，暖身操的舒緩動作可以讓身體在活動時更加流暢。

暖身的功用

暖身操可以伸展全身的肌肉群、關節和韌帶，疏通體內的筋骨，並緩和運動時的衝擊力道；暖身的過程中可以逐漸鍛鍊心臟的強度和肺臟的負荷，預防因突如其來的強烈運動而使心跳加快，甚至喘不過氣；暖身操也能調節心肺呼吸

的節奏、血液循環系統和提高身體的溫度。心肺呼吸慢慢變快後，可提供運動需要的氧氣，體溫變高後，身體會開始流汗，加速代謝體內廢物，使身體調節到適合活動的狀態，以接續之後進行的主要運動，如此一來，不僅能防止運動傷害，也可以緩和運動後的肌肉酸痛。

暖身時間

　　運動前後的暖身操時間應視運動的強度而定，如果之後要做的是比較激烈的運動，如跳繩、舞蹈、跑步等，大約暖身20～30分鐘比較適宜，其目的是為了讓全身的肌肉群得到完全的舒展，才能應付運動帶來的衝擊力；如果是像游泳、瘦腿操等比較和緩的運動，暖身時間大約10～15分鐘即可。

　　經由10分鐘的運動前暖身可以提升身體的散熱能力，在天氣炎熱的環境下運動前，暖身可以開啟身體的散熱機制，提高冷卻效果，防止中暑的情形發生。除此之外，暖身有一點很重要，就是培養「心理準備」，暖身的過程中可以依照身體的適應力和當時的體能，思考等一下要進行的主要運動，並告訴自己：「我已經完全準備好了。」

　　暖身操以拉筋動作為主，像是體前彎、左右扭腰、弓箭步壓腿等都是拉伸筋肉的暖身動作，做拉筋動作時，首重拉伸的緊繃感，再者，要拉伸到緊繃狀態時，須停留此動作約10秒鐘，才能充分暖身。以下提供一組暖身操讓大家練習。

難易度 ★★★★★

弓箭步壓腿暖身操

暖暖身，拉拉筋，修長細腿即將展現～

暖身
部位

大腿內側

小腿

　　做腿部按壓和瘦腿操之前，最好先做好腿部的暖身操，以免進行瘦腿運動時，可能會抽筋或拉傷，以下推薦一個腿部暖身操給大家，你可以配合其他暖身操一起做。

1 暖身操預備

身體打直，抬頭挺胸地站著，雙腳打開與肩同寬。

2

側弓箭步

左腿屈膝，彎曲程度以膝蓋不超過趾尖為主，右腿伸直，雙手扶著兩腿的膝蓋，身體重心往下壓，停留15秒鍾。

屈膝

3

Point

做暖身操的目的在於活絡身體各處筋骨，避免突如其來的運動衝擊，而導致運動傷害。

重心往下

右腿屈膝，彎曲程度以膝蓋不超過趾尖為主，左腿伸直，雙手扶著兩腿的膝蓋，身體重心往下壓，停留15秒鐘。左右腿各做6次暖身。

下壓

4-3
腳踝變細
2公分的瘦腿操
Say goodbye to fat legs

粗腳踝是美鞋的大忌，
想穿漂亮的鞋子，現在就開始打擊腳踝脂肪吧！

孕婦也能輕鬆瘦

很多女生號稱蜈蚣腳，即使只有一雙腳可以穿鞋，卻很喜歡大量購買各式各樣漂亮的鞋子，但若你有一對又粗又醜的腳踝，再美的鞋子穿起來都只會顯得又胖又醜。

請先好好檢視腳踝周圍的皮膚，若腳踝附近的肌膚看起來很暗沉，有種髒髒的感覺，且圍繞著一圈又一圈的皺紋；多按壓腳踝可以活化腳踝周圍的肌膚，減少紋路產生，並讓膚質顯現光澤感；再加上接下來介紹的「轉轉腳踝瘦腿操」，便可確實運動到粗壯腳踝，避免脂肪堆積。

除了一般女性會因為肥胖或水腫而有粗腳踝之外，孕婦也經常在懷孕的時候腳踝腫起來，這是因為孕婦懷孕的時候，子宮不斷撐大至壓迫到靜脈回流，腳踝因此腫脹，以下的腳踝轉轉瘦腿操，也很適合孕婦做，而且坐在床上即可進行。

腳踝按壓＋轉轉腳踝瘦腿操

3分鐘

轉一轉，動一動，把腳踝脂肪連根拔除～

有些人腳踝上的橫向皺紋已經根深蒂固，甚至變得僵硬暗沉，這代表有很多脂肪和毒素囤積在腳踝，只要耐心地運動下去，自然能逐漸消除脂肪及肌膚暗沉的情形，展露出原有的亮麗皮膚。

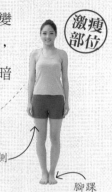

激瘦部位

大腿外側

腳踝

腳踝按壓1分鐘

撫紋消脂

坐在椅子上，抬起一條腿，運用大拇指來回推壓腳踝，撫平腳踝上的橫向皺紋，並按壓腳踝變黑的部位。左右腳踝各按壓30秒。

Point
細紋較多的部位表示脂肪量多，可以加倍用力按壓！

轉轉腳踝瘦腿操2分鐘

1 雙腿往前伸直

在地板上鋪一塊墊子，雙腿併攏伸直地坐在墊子上，不要彎腰駝背。

2 腳尖向外張開

腳跟靠在地上，腳尖緩緩向兩側微微張開，並停留5秒鐘。

📍腳尖往兩邊展開時，雙腿保持貼合地板！

貼地

3 伸展至極限

腳尖往兩側伸展至極限，並感覺大腿外側用力繃緊，停留10秒鐘。

⭐往兩側盡量延伸的時候，膝蓋保持微微彎曲！

10秒

4 腳尖轉往前方

腳尖從兩旁轉往正前方,並拱起腳背下壓,使腳尖盡量往下延伸,停留10秒鐘。

💡膝蓋伸直,腳踝盡量用力向前伸展!

伸直

5 腳踝往後拉伸

腳踝慢慢向後方抬起,腳尖往後伸展,膝蓋微微彎曲,停留5秒後放鬆。重複轉轉腳踝瘦腿操的動作共做4次。

Tips

轉動腳踝的時候,如果發生抽筋的情況,應立即停止瘦腿操運動,直到腳踝沒有任何不適再繼續!

共做4次

4-4 馬上做！ 小腿肚瘦一圈

Say goodbye to fat legs

小腿太壯的人要注意！
不一定是你太胖，有可能是你的姿勢不正確！

雙腿比例由你定

從視覺上來說，小腿勻稱的人，身材比例看起來比較好，若小腿太粗或是線條歪斜，身材看起來就顯得比較矮胖，所以，天生比較矮小的人，其實可以靠小腿纖細的線條拉長比例。

小腿變粗的原因很多，其中，以姿勢不良、穿高跟鞋導致小腿變粗的情形最為多見；然而俗話說：「愛美是女人的天性」，高跟鞋就是為了讓女生更美的利器，但很多人穿高跟鞋連站都站不穩，根本無法放輕鬆走路，此時為了能使雙腿保持平衡，小腿肌肉必須比平常更用力才能維持穩定性。所以長期習慣穿高跟鞋的人，小腿也會時常用力，腿部肌肉自然特別發達。

當你進行速度較快的短跑和騎單車等運動時，很容易使小腿肌肉過度出力；因為短跑講求瞬間爆發力，雙腿必須在短時間內爆發最大力量到達終點，而騎單車的姿勢若使雙腿彎曲不易伸直，小腿肌肉就難以伸展，小腿便會像柱子般粗壯。

想讓小腿的線條變得細長，必須培養良好正確的運動習慣，並適時按壓小腿，軟化僵硬的小腿肌肉，加上「墊腳尖瘦腿操」以伸展小腿肌肉，並修飾小腿線條。

瘦腿重點小筆記：

請遵守8個瘦小腿的生活好習慣，腿就不會繼續變粗：

❶ 每天一定要吃早餐，而且早餐內容一定要包含一份蔬果，份量大約是拳頭大小。

❷ 有些人坐著的時候會習慣抖腳，請不要抖腳，也不要翹著二郎腿吃飯，以免小腿外擴成O型腿。

❸ 剛吃完飯不要立刻坐下來看電視，來回走動約5分鐘再坐下。

❹ 走路的時候，膝蓋要保持微微彎曲，不要完全伸直膝蓋走路，否則腿部壓力大，就容易變粗。

❺ 起床之前，不要一下子就站起來，賴在床上伸個懶腰，稍微伸展手腳後，再慢慢起身。

❻ 無論做什麼運動，做完之後一定要適當地拉拉筋，因為運動後，肌肉容易缺氧，造成緊繃酸痛，拉筋可以舒緩酸痛，並且使肌肉伸展，肌肉線條就會變得修長。

❼ 不要一天到晚都坐著，最好每隔半小時就站起來走動幾分鐘，或是膝蓋微彎半蹲一下。

❽ 走路姿勢不可以外八或內八，要保持直線行走。

3分鐘 小腿按壓＋墊腳尖瘦腿操

對付僵硬小腿肌肉要一壓二推三抓四晃～

激瘦部位

小腿

腳踝

你的小腿肚是否像懷孕一樣凸出來呢？如果有這樣的情形，表示你有一雙蘿蔔腿，但千萬不要感到灰心，粗硬的小腿肚並不是無法消除，只要耐心按摩，並伸展位於小腿後側的阿基里斯腱，小腿肚絕對消下去！

小腿按壓1分鐘

拇指按壓 *1*

坐在椅子上，抬起一腳，運用兩手的大拇指按壓小腿最粗的部位，並深深按壓10秒鐘。

📍 推壓施力的力道要讓小腿有酸脹的感覺！

2 往反方向推開

兩手的大拇指慢慢往反方向推壓開來，推壓停留5秒鐘。

stop!

3 抓捏小腿肌肉

雙手握住小腿肚，一鬆一緊的抓捏小腿10秒鐘。

抓捏

💚運用十指的力量抓捏小腿，使僵硬的小腿肌肉變鬆弛！

4 搖晃小腿肌肉

坐在地板上，一腿往前伸直，一腿屈起，雙手托著屈起的小腿肚，左右搖晃5秒鐘。左右小腿各做1次。

晃！

💚雙手往上托起小腿肚，輕輕搖晃可以放鬆小腿肌肉！

Point

善用指腹的力量，才能深入經絡按壓！並注意不要將小腿上下搖晃，而是要左右搖晃。

1

在木箱上站穩

準備一張椅子以供攙扶，人站在椅背後面，雙腿伸直站在木箱上。

伸直

2

腳跟下壓

腳掌前1/3的部分站在木箱上，雙腳打直，腳跟懸空往下壓15秒鐘。

15秒

⭐腳跟往下可以伸展阿基里斯腱！

112

穩

3

墊腳上提

腳尖慢慢往上提起腳跟，默數5秒慢慢提至最高點，於最高點停留10秒。墊腳尖瘦腿操共做4次。

共做4次

慢

阿基里斯腱

⭐腳尖緩慢地墊起，以適應並支撐身體重量！

Tips

做這組動作要保持上半身的穩定！如果墊起腳尖的時候，忍不住一直抖動，代表雙腿的肌肉力氣不足，要多訓練肌肉耐力。

4-5
膝蓋變漂亮的
塑膝操

Say goodbye to fat legs

白皙無暇的膝蓋會為雙腿加分，
所以平時絕不能忽略膝蓋的保養。

消除肥膝蓋

很多人只注重腿的粗細，而忽視膝蓋保養的重要性，因此，膝蓋肥厚的問題不在少數。

肥厚膝蓋和粗腳踝都是因為此部位累積許多老廢角質和脂肪，所以看起來很腫，為了消除膝蓋的胖胖組織，經常按壓膝蓋，可以緊實周圍的肌膚；搭配「膝蓋走路瘦腿操」雙管齊下的進行，假以時日，肥厚的膝蓋也能緊緻有型。

除了介紹瘦下膝蓋的小運動外，有些女性的膝蓋處看起來總是黑黑髒髒的，影響視覺效果，現在就來教教大家如何改善膚色不均的情形。首先，將平常習慣使用的身體乳液塗抹在雙腿膝蓋上，接著，拿兩張保鮮膜覆蓋在塗抹乳液的膝蓋，靜候15分鐘後，撕下保鮮膜即可，每天持續下去，再搭配膝蓋走路瘦腿操，膝蓋肌膚將會變得柔嫩細白！

難易度 ★★★★★

膝蓋按壓＋膝蓋走路瘦腿操

膝蓋也需要驅黑淨白、除皺消脂呢～

有些人的腿看起來很細，膝蓋卻又肥又腫，穿起短褲、短裙也不好看，這是因為膝蓋和腳踝一樣，是容易囤積老舊角質和脂肪的部位。3分鐘按摩瘦腿操可以消除囤積在膝蓋的脂肪，並增加腿部由下往上的循環，解決肥膝蓋的問題。

激瘦部位

膝蓋

大腿前側

膝蓋按壓1分鐘

Point

按壓其中一腿的膝蓋後，能立即感受腿變輕盈了，因此處的循環比較差，經過按壓疏通，就會明顯地感受腿部沉重感消失。

指壓膝蓋

雙手握住膝蓋，四根手指在膝蓋後面按壓1分鐘。

📍膝蓋後方較容易被忽略，所以10根手指的指腹要確實地按壓膝蓋周圍。

1 雙腿跪地

在地上鋪一塊墊子，雙腿跪在墊子上，雙手放鬆地垂在身體兩側。

放鬆

90°

📍膝蓋貼合地板，大腿和小腿垂直。

2 往前跪走

右膝蓋往前跪走，上半身保持挺直不要前傾，雙眼平視前方。

挺直

💧往前跪走的時候，膝蓋不要抬得太高，以免重心不穩，使用拖行的方式前進即可。

3

沿直線跪走

雙腿必須沿著直線跪走，不可蛇行。
左右兩腿交替跪走的時間為2分鐘。

共走2分鐘

後退也OK

💚如果跪走的場地不大，
可以前前後後的移動。

Tips

跪走的時候，盡量放慢速度或是
先停下來休息一下；盡量不要走
太快，因為重量加速度只會讓膝
蓋瘀青！

4-6
緊實大腿前側
的瘦腿操

Say goodbye to fat legs

大腿前側很容易聚集一坨肉，
裡面可能有頑固的脂肪，必須趕快消滅脂肪大軍。

前側肌肉太軟弱

很多人的大腿前側肌肉是處於「無力」狀態，不妨試試看蹲下後不靠任何助力，只依靠腿的力量站起來，如果起身姿勢搖搖晃晃，代表前側的腿部肌肉力氣不夠。

大腿前側突起者可以用手捏捏看，如果捏起一坨鬆軟肉，就表示裡面有脂肪囤積，必須學習鍛鍊腿部肌肉；但如果蹲下起立很輕鬆，並在前側捏起一層皮的人，表示大腿前側的肌肉久未訓練，讓雙腿看起來很粗壯，這兩種類型的胖胖腿人士可以嘗試按摩和做緊實大腿前側的瘦腿操，以雕塑前側線條。

按壓大腿前側可以讓肌肉放鬆，加上「坐地移動瘦腿操」，共同訓練大腿前側的肌肉，而前側肌肉僵硬的人，也要多按摩，才能放鬆肌肉。這

款瘦腿操不僅能消除前側贅肉，還能讓前側肌肉充分伸展，緩解因為肌肉僵硬而腫脹的大腿。

坐地移動瘦腿操能順便訓練臀部兩側的肌肉，讓你瘦大腿的同時，也能緊實臀部，有一箭雙雕的成效。

瘦腿重點小筆記：

大腿前側像是吹氣球一樣的越來越粗大嗎？不管穿什麼都遮不住大腿前側的贅肉，快按照下面的方式做，讓大腿瘦下來：

❶ 坐著的時候，雙手握拳敲擊大腿前側，不用太用力，因為敲擊前側只是為了刺激大腿上的穴道，軟化僵硬的大腿肌肉。

❷ 洗澡的時候，用溫熱的水和冷水交替地沖大腿前側，促進大腿前側的循環。

❸ 躺在床上準備就寢前，雙腿伸直，往上舉起約10公分，維持15秒再放下，反覆做3次，以鍛鍊前側線條。

❹ 多走樓梯，可以運動到大腿前側。

❺ 騎腳踏車能有效運動大腿前側，但要將坐墊調高至使腿部能伸展的高度，並且在運動後拉筋舒緩。

❻ 做快走運動，並且在快走的時候，以前腳掌著地；前腳掌著地可以運動到大腿前側，但千萬不要用腳尖著地，以免扭傷。

❼ 做半蹲或深蹲的動作，注意膝蓋彎曲的程度不要超過腳尖。

❽ 盡量不要喝冰的飲料否則會降低大腿的代謝能力。

❾ 抬頭挺胸地站立時，可屈膝並盡量抬高左大腿以碰觸右手肘；反之，抬高右大腿時，則碰觸左手肘，

❿ 走路的時候，模仿士兵抬高腿部大步地走，能有效運動到大腿前側。

⓫ 坐在椅子上時，雙腿伸直舉起離地約20公分，可以緊實前側肌肉。

⓬ 坐著的時候，底下必須有足夠空間讓腿部伸展。

難易度 ★★★★★

大腿前側按壓＋坐地移動瘦腿操

天天3分鐘，甩掉大腿前側的鬆垮肉～

激瘦部位

臀部兩側

大腿前側

從側面看起來，大腿前面若明顯地凸起一塊肉，表示前側有胖胖腿的現象，穿起內搭褲的大腿線條更是慘不忍睹，趕快做大腿前側的按壓和鍛鍊大腿前側的瘦腿操，前側肉肉就會越來越緊實。

大腿前側按壓1分鐘

1 手握大腿

坐在椅子上，雙手握在膝蓋上方的大腿處，雙手大拇指往下按壓，雙手四指往上施力，上下互按20秒。

⚙ 容易緊繃的大腿前側，必須藉由按壓消除腿部僵硬。

2 往上推壓

握住大腿前段的雙手，慢慢地
由下往上推壓至大腿中段，並
按壓約20秒。

💡往上按壓的時候，感覺
脂肪和贅肉被往上推擠。

推！

Point

藉由確實、深入地按壓，給予大
腿施力和刺激，可瞬間提升代謝
能力，並提高體內排毒的效果。

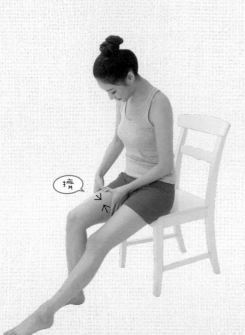

擠

3 擠壓大腿

握住腿的雙手往上推壓至大腿
上方，雙手經過大腿內側，在
此處擠壓大腿20秒。

1 雙腿伸直坐地

坐在墊子上，雙腿伸直，腳尖朝上，膝蓋併攏，兩手手掌放鬆地垂放在兩側。

手掌貼地

2 往前移動

臀部和腰部用力，並帶動上半身的力量先左再右地向前移動。

左

用力

往前的時候，兩腳的腳跟向前拖行不離地。

3 前後移動

轉動右側腰部，臀部用力，右肩向前並帶動上半身的力量往前移動。兩腿交替前進後退2分鐘。

移動2分鐘

放鬆

右

⭐ 腳跟盡量靠著地板，雙腳保持直立狀態。

Tips

坐地移動瘦腿操可以前進或後退，但膝蓋一定要併攏，才能有效運動到大腿前側。

4-7
增加大腿後側肌肉
的瘦腿操

Say goodbye to fat legs

大腿後側的肉肉是否凹凸不平？
可怕的橘皮組織就隱藏在皮膚之下！

殲滅橘皮組織

　　每個人的皮膚之下都有固定數量的脂肪細胞，因貪吃不運動而發胖時，脂肪細胞的體積會變大；並且擠壓血管和淋巴，造成循環不順暢，老舊廢物囤積在脂肪細胞便形成橘皮組織。

　　多按壓大腿後側，刺激腿部循環，可避免毒素和脂肪一而再，再而三的堆積；除了按摩之外，讓橘皮組織徹底消失的唯一方法，就是訓練肌肉代替身體裡的脂肪。故「踩地拉伸瘦腿操」可以增加大腿後側的肌肉，並縮小脂肪細胞，以塑造漂亮的大腿曲線。

　　高舉腿部拉伸的動作還能鍛鍊經常久坐不動的臀部，使臀部曲線渾圓緊翹，以疏通臀部和大腿後側的經絡循行。

大腿後側按壓＋踩地拉伸瘦腿操

3分鐘

打擊大腿後側橘皮，緊實美腿趁現在～

大腿後側是橘皮的好發部位，如果不重視鍛鍊大腿後側的線條，穿著短褲和短裙時，大腿後側的橘皮浮肉就會一覽無遺，所以，一定要增加大腿後側肌肉量，才不會被橘皮組織佔據。

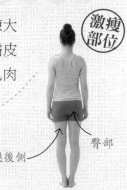

激瘦部位

臀部

大腿後側

大腿後側按壓1分鐘

1

90°

一腳踩穩預備

準備一張椅子，腳踩到椅子上，讓膝蓋呈90度，雙手環住大腿按壓20秒。

2

20秒

按壓後側贅肉

環住大腿的雙手往上推壓後側贅肉，到大腿中段時，集中按壓後側20秒。

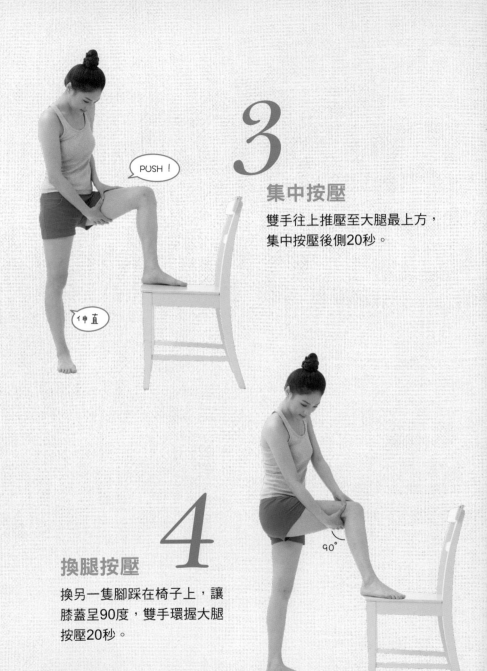

3

集中按壓

雙手往上推壓至大腿最上方，
集中按壓後側20秒。

4

換腿按壓

換另一隻腳踩在椅子上，讓
膝蓋呈90度，雙手環握大腿
按壓20秒。

5 針對浮肉施力

環握大腿的雙手由下往上推壓後側浮肉，到大腿中間處，並集中按壓後側20秒。

20秒

Point

大腿後側和臀部非常容易囤積脂肪，因為坐著的時候，故勤推壓將有助於腿型雕塑。

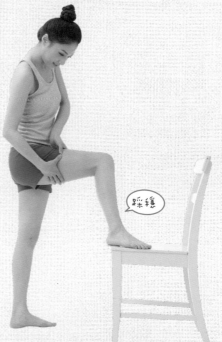

踩穩

6 往上推壓

雙手從大腿中間往上推壓至大腿最上方，並集中按壓後側20秒。

1 放鬆躺平

全身放鬆躺平在地板上，不要聳肩，
雙腿伸直。

伸直

2 往上拉伸

右腿彎起，右腳踩在地
板上，左腿往上方伸直
舉高，雙手手指交錯抱
住左腿膝蓋後方，維持
此姿勢30秒。

高舉

3 換腿伸展

換左腿彎起，右腿往上方高舉伸直，雙手手指交錯抱住右腿膝蓋後方，並維持30秒。

Tips

腳底板踩地的時候，腳掌要完全貼平地板，不要翹高，才不會用到錯誤的力道。

貼地

4 放鬆還原

雙腿放平後，慢慢地做3個深呼吸，然後保持均勻呼吸，再繼續進行踩地拉伸瘦腿操。雙腿交替各做2次。

共做4次

4-8
大腿外側脂肪消
的瘦腿操
Say goodbye to fat legs

大腿外側的兩團肉，
讓一條腿看起來像兩條腿般地粗，究竟該如何是好呢？

雙腿代謝卡卡

　　上了年紀的人，大多外型偏胖，並時常為家務與工作勞力勞心，忙碌與疲累的雙重打擊下，走路或爬樓梯易喘、易流汗，時常胸悶、頭暈，即使食慾不振，體重卻不減反增，尤其腹部與大腿外側更容易堆積脂肪。

　　屬於上述類型的人，是因為末梢循環不好以致四肢冰冷，體內新舊廢物難以代謝便囤積於下半身，所以就算平時吃不多，大腿依然佈滿贅肉並容易水腫。導致穿褲子時總是卡在大腿，不上不下好尷尬！

　　為了避免脂肪與代謝物持續新增，必須常常按壓大腿外側，刺激腿部穴道，使循環變好，代謝會更有效率；此外，搭配側邊抬腿瘦腿操，可以鍛鍊大腿肌肉，消除討厭的側邊贅肉。

大腿外側按壓＋側邊抬腿瘦腿操

O型腿別再來，持續按壓和抬腿，便能還你一雙筆直美腿～

有O型腿的人，大腿外側看起來特別胖，因為O型腿人士的骨盆會向外擴張，大腿和臀部就會顯得特別寬大，穿褲子時，也最容易卡在大腿和臀部，所以消除大腿外側脂肪，可雕塑大腿曲線，讓妳展現漂亮美腿。

激瘦部位

大腿外側

改善O型腿

大腿外側按壓1分鐘

畫圈

1 握拳揉壓

雙手握拳，以手指關節畫圈揉壓大腿兩側30秒鐘。

💡 按壓的時候，可以運用不同的指關節刺激同一個部位。

2 深入按壓經絡

雙拳往上推壓至大腿前側的中段，深深按壓肌膚底下的經絡30秒鐘。

用力

💡 大腿外側的脂肪比較肥厚，要多施點力才能有效按壓。

30秒

3 穴道對點按壓

按壓膝陽關穴可舒通經絡，放鬆大腿外側肌肉。

膝陽關穴

膝陽關穴

💡 膝陽關穴就在大腿外側，膝蓋旁邊的凹陷處。

揉

4 穴道按揉

手往上按壓大腿中段的風市穴以通經活絡。

風市穴

抬頭挺胸的放鬆站立，雙手自然垂放在大腿兩側，中指指腹碰到的點即為風市穴。

Point

大腿外側與大腿前側很容易堆積毒素，所以一定要深入按壓才能疏經通絡。

1 側躺在地

側躺，雙腳併攏並伸直；放在頭部下方的手盡量伸直，上方的手則撐在胸前。

撐

2 緊縮腹臀

縮緊腹部和臀部，膝蓋伸直，一腿往上抬高15秒鐘。

15秒

3 抬腿向上再往後

往上抬高的腿，向後延伸到感覺大腿
外側微酸繃緊，手掌撐住身體略往前
的重量，並維持此姿勢15秒。

Tips

腿往上抬的時候不要一下就抬上
去，慢慢抬高，鍛鍊大腿外側的
肌肉更有功效。

4 腿回到原點

高舉向後的腿慢慢放下回到
原點，但不要放鬆而屈膝，
要保持伸直。雙腿交替各做
2次。

共做4次

4-9 消除大腿內側贅肉的瘦腿操

Say goodbye to fat legs

兩腿內側的贅肉像是敵人一樣，
總是撞來撞去，真想一口氣甩走惱人贅肉！

雕塑內側鬆垮肉

　　夏天的時候總習慣穿清涼的短褲和短裙，但你是否曾有這樣的尷尬；走起路來，大腿內側贅肉會相互磨擦，而且鬆垮贅肉一直晃來晃去好尷尬，趕緊肅清大腿內側晃阿晃的肉吧！

　　大腿內側是橘皮組織的好發部位，也經常看到內側肌膚有一條一條的白色紋路，此即俗稱的「肥胖紋」。橘皮和肥胖紋的不同之處在於前者是因脂肪細胞體積變大而使皮膚凹凸不平；後者則是因短時間內發胖，脂肪細胞迅速增大而使皮膚過度伸展而成。

　　建議大家從運動和按摩著手，一步一步消滅大腿內側的可惡贅肉。首先，按壓大腿內側，使腿部的溫度升高，接著再進行空中抬腿瘦腿操，針對內側運動！

難易度 ★★★★★

大腿內側按壓＋空中抬腿瘦腿操

內側贅肉不再相撞，讓雙腿保持安全距離～

大腿內側的晃晃肉真是令人煩，穿短褲的時候，大腿內側相互摩擦會把褲管捲得越來越高，看起來很不雅觀，而且炎熱的天氣讓流下來的汗都悶在裡面，感覺很不舒服，所以，趕快開始打造內側線條吧！

激瘦部位

大腿外側　　大腿內側

大腿內側按壓1分鐘

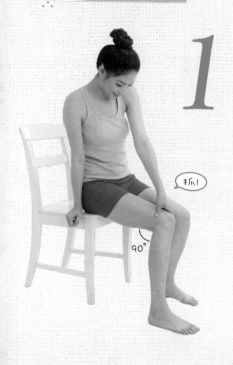

抓！

90°

1 抓捏內側贅肉

坐在椅子上，雙腿彎曲呈90度，以抓捏的手勢按壓內側10秒鐘。

10秒

💚四指在大腿內側深入脂肪囤積的部位按壓。

2 來回按壓

手往上至大腿內側的中段，四指來回深入按壓10秒鐘。

💚 大腿內側的肉比較鬆軟，深入按壓會有疼痛感，但要盡量忍耐一下。

Point

大腿內側的贅肉很鬆軟，一定要多按摩，並且鍛鍊內側線條，才能打造一雙美腿。

3 放慢速度推壓

手往上按壓至大腿內側最上方，四指往內側慢慢推壓10秒鐘。

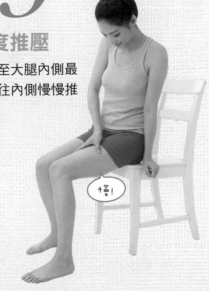

💚 大腿內側上方是走路時容易摩擦的部位，可以多多按壓。

1 雙腿抬高

仰躺在地墊上，雙腿彎曲抬高，肩膀不要用力，兩腿夾緊，維持此姿勢10秒鐘。

10秒

放鬆

2 往前踩踏

左腳以像是踩腳踏車的方式，在空中往前踏，另一腳則維持原本彎曲抬高的姿勢。

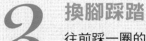

3 換腳踩踏

往前踩一圈的左腳回到原本的位置，換右腳在空中往前踏出。兩腳重複踩空中腳踏車45秒鐘後，回到步驟1.的姿勢。

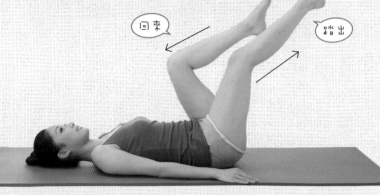

回來

踏出

4 反向伸展

左腿慢慢往上抬高，右腿則慢慢往下，但不要碰到地板，並維持此動作15秒鐘。

5

一上一下

左右腿回到原本彎曲抬高的位置，換右腿慢慢往上抬高，左腿往下，並維持15秒鐘。左右兩腿各做2次後放鬆。

15秒

共做4次

Tips

做空中抬腿瘦腿操的時候，往前踩的速度不宜太快，應緩慢地往前踩踏才能運動到深層肌肉。

4-10
找回屁股曲線
的瘦臀操

Say goodbye to fat legs

翹臀是年輕的象徵，
渾圓翹臀從現在開始打造吧！

逆天翹臀做得到

　　臀部和大腿連接的邊緣，被暱稱為「微笑線」，渾圓上翹的臀部是擁有微笑線的象徵，但你無須羨慕，因為你也能讓下垂鬆垮的臀部展露笑容。

　　臀部比較肥厚的人，連睡眠也不得安寧，因為臀部大會使身體無法完全貼合床鋪，臀部陷入床墊過深，不僅會腰酸背痛，臀部反而會越睡越大，如果你沒有預算換一張昂貴的床墊，建議你除了可以改為側睡，也可以穿著舒緩臀部壓力的睡眠機能襪，並配合3分鐘按摩瘦腿操。

　　按壓微笑線中央的「承扶穴」，可以促進臀部的循環代謝，再搭配「橋式瘦腿操」，撐起臀部，就能輕鬆對抗地心引力！

3分鐘
臀部按壓＋橋式翹臀操

美麗的臀部曲線只要靠勤勞的雙手就能辦到喔～

臀部是下半身最容易失控的部位，因為臀部位於視線不容易看見的地方，所以在不知不覺中崩壞也不自知；然而臀部的美醜卻相當重要，因為下垂的臀部穿上任何褲子、裙子，甚至是泳裝都無法顯露美好的曲線，但只要透過萬能雙手持續按摩，妳也能擁有人人稱羨的水蜜桃翹臀。

激瘦部位

臀部

臀部按壓1分鐘

針對穴道按壓

一手握拳，中指關節稍微突出，上半身向後轉，並將指關節對著臀部下緣正中間的承扶穴施力按壓或捶打30秒鐘。穴道是左右對稱，所以左右兩穴要各按一次。

承扶穴

承扶穴

Tips

多按壓承扶穴可以改善下半身的氣血循環，減去臀部多餘贅肉。也可用筆或穴道棒輔助按壓。

🌀 欲取得承扶穴，需於大腿後方，臀下橫紋的中點處取穴。

1 仰躺在地

身體仰躺在瑜珈墊上，雙腿伸直，肩膀放鬆，並且保持均勻規律地呼吸。

2 雙腿彎曲踩地

雙腿彎曲，兩膝互相緊靠，兩腳腳底踩穩並貼合地板，上半身保持放鬆狀態。

3 撐起身體

兩手手掌心朝下貼合地板，雙腳踩穩，膝蓋併攏，並將身體向上撐起，使臀部懸空離地維持20秒。之後，再緩緩躺回地面休息一下，並重複橋式瘦腿操的動作，共做6次。

共做6次

Tips

臀部抬起可以刺激循環，鍛鍊臀部肌肉，使臀部保持圓潤的臀型和良好彈性。

如果你的瘦腿計畫只安排了按摩和運動，
那絕對不夠！
瘦腿過程若能懂得怎麼吃，會有事半功倍之效，
所以Lynn準備大顯身手，教大家做幾道瘦腿料理。
不用擔心做不好，
手殘的Lynn會，你就一定學得會！

PART 5

美腿廚房的
低卡好好味料理

Lynn說:「為了瘦而節食是我的大忌!虐待肚子會讓你產生補償心態,餓到極致才吃更是會變得暴飲暴食;不管你想瘦腿還是瘦身,吃對東西很重要,即使你是小鳥胃,若愛吃垃圾食物,也可能有雙胖胖腿無誤!」

現代人要有天然的飲食習慣，
避免食品添加物入侵現代人的三餐飯菜之中。

限制鹽的攝取量，是瘦腿的point

鹽裡的成分鈉是人體所需元素，它能幫助體液平衡調節、神經傳導及肌肉收縮與放鬆。根據衛生署的建議，一天食用2400毫克（約6公克的食鹽）已是極限，但多數人普遍吃進比標準還高的鈉而渾然不覺。

「鹽」是造成胖胖腿的原因之一，當身體的鈉含量過多時，身體會自動將水分留在體內，以稀釋鈉的濃度，但體內多餘的水分也造成了水腫的胖胖腿。如果平常習慣吃太鹹，人體就會發出口渴的訊號，水分的攝取會暫時沖淡鈉的濃度，最後藉由排尿代謝掉鈉以達到平衡，但長期攝取過量鹽分，會使人體的調節系統失衡，導致身體水腫、血壓上升，並加重心臟的負擔。

起床時，若發現眼屎很多、整個臉都腫腫的，而且感到口乾嘴苦，那麼就要小心是鈉吃太多了，會引起雙腿水腫。

高鹽食品高熱量

　　此外，高鹽量的食物，通常也是高熱量，像是大眾的宵夜首選──撒上大量胡椒鹽的鹽酥雞、泡在滷汁裡的滷味和淋上滿滿醬料的臭豆腐等，甚至是一通電話就外送的速食，如漢堡、披薩、薯條，都含有大量鹽分和醬料，只要吃一點，體內鈉含量一定超標，如果不加以節制，雙腿就會因此水腫。

　　哈佛大學的科學家研究後發表，全球每年有230萬人因為吃鹽過量而死亡，其數據比喝含糖飲料過多而導致死亡者，超出10倍之多。研究指出，含糖飲料和太甜的食物可以盡量避開不吃，但鹽幾乎無所不在，無論是何種料理，都很容易攝取到鹽分，就連蛋糕、布丁、麵包等甜食，即便沒有鹹味，但其實也添加了鹽的成份。

加工食品普遍鹹

　　攝取太多鹽分的原因並非來自餐桌上的菜餚，因為一般的家常菜不會煮得這麼鹹，過量的鹽分主要是來自加工食品。而便利商店賣的食物，幾乎99％都是加工產品，舉凡泡麵、零食、微波食品、真空包裝的麵包、關東煮等全都是加工製造，即使是飲料也不例外。

　　我們若想檢視自己是否因為吃太鹹而有胖胖腿傾向，除了多

加注意平時的飲食習慣，也可以觀察腳踝附近的部位，是否有發黑且皺紋變多的情形，因為鹽分攝取太多會使身體缺水，致使皮膚容易老化變皺而暗沉無光。

高納食物排行榜

第1名 泡麵：當大家抗議「全球十大好吃泡麵」臺灣沒有上榜的同時，臺灣泡麵卻早已榮登高鈉排行榜的冠軍寶座。消基會曾抽查市售泡麵的鈉含量，某品牌的蔥燒牛肉麵一碗的鈉竟高達四千多毫克，已超過建議量的1.8倍，若餐餐吃的食物都超標，雙腿將累積大量排不出的水分！

第2名 罐頭：市面上的鮪魚或肉醬罐頭，因蛋白質含量豐富，容易變質，為了延長保存期限，便會加很多鹽去製作，約100公克的容量就含有1000毫克的鈉。而像是番茄、奶油濃湯類等罐頭湯品，鈉含量也很高，應多加注意。

第3名 調味醬料：沙拉醬、番茄醬、黃芥末醬等醬料都含有大量鹽分，即便是果醬，也要加鹽製作才夠味。一大匙醬油含1160毫克的鈉；二大匙沙拉醬含430毫克的鈉；半杯義大利麵醬含850毫克的鈉。烤肉醬、牛排醬等調味醬料也都因隱藏過量鹽分而上榜。

第4名 醃製類食品：香腸、培根和火腿的鈉含量很高，85克就含有約600～900毫克的鈉，一片牛肉乾也約有40克的醃漬醬料，所以吃一個普通的火腿三明治很可能就超過標準。

以上排行榜的食品，有一個共通處，就是它們都屬於加工食

品，而未加工與加工食品的最大差別在於是否會添加鹽分和食品添加物；如果是天然的食物，只有在烹調的時候會適量調味，但如果是加工品，味道則早已調配好，並且含有較高的鹽量。

食品添加物是瘦腿的大敵

任何食品添加物都是瘦腿的敵人，其成分對健康毫無益處，目的只在於增加食物的口感和味道，甚至還會讓人欲罷不能的一口接一口。

常見食品添加物

高果糖玉米糖漿、味精、氫化植物油這些都是常見的食品添加物，高果糖玉米糖漿通常添加於飲料中，飲料會變得甜香好喝，但高果糖玉米糖漿屬於非天然的化學製品，不利代謝，會加重肝臟負擔；味精和氫化植物油則加在泡麵和餅乾裡，其香味讓大家難以抵抗泡麵和零食，這類加工食品含有大量合成化學添加物，本質就和毒品一樣，所以全世界有數百萬人對其上癮。站在食品業者的角度來看，食品添加物可防止食品腐敗，具備保鮮作用，又能增加口感，但同時也會帶來肥胖問題。

究竟，你對零食、泡麵和飲料等食品的依賴程度有多深呢？有些人不喝水只喝飲料；有些人正餐不吃只吃餅乾糖果。接著，就來測試你對食品添加物的上癮程度與目前的胖胖腿指數，希望大家盡快摒除食品添加物的誘惑！而筆者在此也提供兩道清淡的低鈉食譜〈詳見P.154、P.155〉，讓讀者可自行製作，吃得健康之餘，還能塑型並纖細美腿！

胖胖腿測驗

算算看，你累積了幾個「YES」：

☐YES ☐NO **01.** 三天兩頭就會想要喝飲料，連吃東西也習慣配汽水、果汁等飲料。

☐YES ☐NO **02.** 每次去便利商店或大賣場，一定會買零食。

☐YES ☐NO **03.** 一旦遇到喜歡的餅乾，絕對會毫不保留地吃到見底，一點兒也不剩。

☐YES ☐NO **04.** 常因自己吃完一大包零食而感到後悔。

☐YES ☐NO **05.** 即使才剛吃完正餐，還是會情不自禁地想開包香香脆脆的餅乾。

☐YES ☐NO **06.** 無論是狂喜或悲傷都會藉由零食來犒賞或安慰。

☐YES ☐NO **07.** 常常覺得家裡煮的飯菜沒有味道。

☐YES ☐NO **08.** 習慣在看電影或電視時，準備很多零食享用。

☐YES ☐NO **09.** 喜歡吃用豬肉做的貢丸或肉鬆，勝過豬肉烹調的料理。

☐YES ☐NO **10.** 腳踝和膝蓋特別肥厚，而且臉和眼睛容易水腫。

☐YES ☐NO **11.** 喜歡吃重乳酪蛋糕或冰淇淋當甜點。

☐YES ☐NO **12.** 買餅乾只會重視外觀，不太會看裡面的成分。

☐YES ☐NO **13.** 聞到食物散發出香味，就一定覺得好吃。

☐YES ☐NO **14.** 喜歡買有起司味或奶香味的食品。

☐YES ☐NO **15.** 早上起床的時候經常感覺口乾舌燥。

☐YES ☐NO **16.** 喜歡吃水果口味的食品更勝於吃真正的水果。

☐YES ☐NO **17.** 喝很多飲料卻不怎麼想上廁所。

☐YES ☐NO **18.** 色彩豐富的食物容易讓你食指大動。

☐YES ☐NO **19.** 口渴的時候不會喝水，而是喝含糖飲料。

☐YES ☐NO **20.** 買外食的時候，習慣說：「醬要多一點！」

 1~3 個「YES」，胖胖腿指數★

你對食品添加物尚未到上癮的程度，只是偶爾才會放縱自己，但這類食品非常容易一吃上癮，不可不慎。一旦過量，胖胖腿就會如影隨形地跟著你，建議你趕快開始做瘦腿操，雕塑腿部線條。

4~8 個「YES」，胖胖腿指數★★★

你對食品添加物已有些微成癮的傾向，會經常性地吃這類食品，如果超過一個星期沒有吃，就會很不習慣。你的胖胖腿指數是三顆星，代表你可能有局部肥胖的困擾，趕緊回頭是岸，減少對垃圾食物的攝取。

9~14 個「YES」，胖胖腿指數★★★★

你對食品添加物已經中度成癮，不僅每天都要吃零食喝飲料，如果一天沒碰，就會渾身不舒服，注意力也無法集中，甚至不吃就會難以入眠。你的胖胖腿不僅粗厚，還有不少鬆垮的贅肉，但只要願意執行剷除胖胖腿計畫，擁有美腿並非天方夜譚。

15~20 個「YES」，胖胖腿指數★★★★★

你對食品添加物已經重度成癮，三餐幾乎都在外解決，因為家裡煮的食物對你而言太清淡，吃起來味如嚼蠟。你的胖胖腿恐怕也已經病入膏肓，大腿、臀部佈滿橘皮組織，再這樣下去，身體健康堪慮，速速改掉這樣的飲食習慣吧！

消腫瘦腿食譜

158kcal

✿ 冬瓜蛤蜊排骨湯（1人份）✿

材料

冬瓜 35克
蛤蜊 50克
排骨 20克
薑 適量
米酒 1小匙
白胡椒 適量
鹽 適量

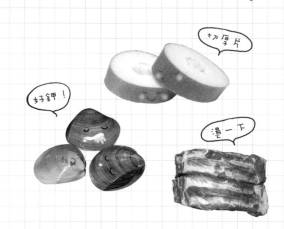

切厚片

好鉀！

燙一下

作法

1. 冬瓜去除外皮後，切厚片備用；排骨以滾水燙過，除掉肉渣和血水；薑切成薄片後備用。

2. 燒一小鍋水，水滾後，放入薑片、排骨和冬瓜片，以小火燜煮5分鐘，直至冬瓜軟化透明、排骨熟透。

3. 轉至大火，放入蛤蜊滾煮，並加一匙米酒提味，待蛤蜊殼紛紛打開，撒上適量鹽巴和胡椒即完成

瘦腿 Point

冬瓜含有95%以上的水分，多食用可以補充人體流失的水分和鉀，是很好的夏季瘦腿食材。而且冬瓜利水，能消除腿部浮腫並排出鹽分，適合用來煲湯，也可以熬煮成冬瓜茶飲用！

茄汁鮮菇綠花椰（1人份）

材料

綠花椰菜 1顆
番茄 1顆
金針菇 1把
紅酒 1大匙
橄欖油 1小匙
糖 適量
鹽 適量

作法

1. 花椰菜洗淨後，去除粗糙的外皮，切成數小朵；將金針菇洗淨，並切成兩段備用。

2. 燒一小鍋滾水，放入番茄稍微煮一下，直至番茄的皮變皺，便可輕易撕去外皮。接著，放入數小朵花椰菜煮熟。

3. 取一平底鍋，放入橄欖油，再將整顆去皮的番茄放入鍋中搗碎拌炒；接著，加一點水，再分別放入花椰菜和金針菇一起拌炒，並淋上紅酒增添香氣，最後撒上適量糖、鹽即完成。

瘦腿 Point

金針菇、花椰菜和番茄都是富含鉀的食材，三者的營養價值非常高，熱量卻是極低，適合在減肥或瘦腿的過程中盡情享用！茹素的人不妨也試著做做看。

「鉀」是去水腫的瘦腿元素，
也是人體不可或缺的重要物質，可多從食物中攝取。

「低鈉高鉀」的飲食原則

鈉與鉀均為人體體液中的主要電解質，兩者的濃度是一種相互抗衡的狀態。當你吃得太鹹時，血液中的鈉離子含量就會提高，並且引起口渴的感覺，而鉀離子能與之平衡，有助於排除身體中多餘的鈉。

想讓水腫的胖胖腿瘦下來，首先要掌握「高鉀低鈉」的飲食原則。身體裡的鉀含量大約是鈉含量的10倍，所以在正常情況下，食用含鉀的食物應多於含鈉食物，其比例大約

為2：1，通常腿部水腫的人，則為體內的鈉大於鉀。

含鉀的天然食物

眾所周知，鹽有很高的鈉含量，但其實所有調味料，例如醋、醬油、番茄醬也都含有大量的鈉，而滷肉飯、肉燥拌麵或是義大利麵等，也都是摻有很多醬料或調味料的料理，如果經常食用這些東西，不知不覺會吃進過量的鈉。此時應多攝取含鉀食物以幫助鈉離子的排出，而含鉀食物包含水果和乳製品，例如香蕉、木瓜、奇異果，或是優格和牛奶都含有豐富的鉀，所以只要多吃天然新鮮的食物，就可以從中獲得足夠的鉀。

全穀類食物和根莖類蔬菜含鉀，有消水腫的效果，如雜糧五穀、胡蘿蔔、芋頭、馬鈴薯等，大家應積極攝取之外，市售的食鹽中，也有販售含鉀的鹽以取代鈉鹽，如果你是過量攝取鈉的外食族或零食族，可選購含鉀的食鹽來入菜。

前文有提到，如果想要雙腿瘦下來，一定要增加身體的肌肉，而鉀就存在於人體的肌肉和骨骼當中，如果身體缺鉀，就會造成肌肉無力、精神不濟，所以留住體內的鉀，等於留住身體的肌肉。尤其人在夏天特別容易缺鉀，因為鉀會從汗水中流失，所以在飲食上應多注意鉀的補充。然而鉀並非萬能，以下便來說明，哪種類型的人不宜攝取鉀。

愛吃也要「鉀」小心

想讓胖胖腿瘦下來的人，要秉持著中庸之道，明白過猶不及的道理，即使鉀對身體很重要，也不能毫無節制地攝取。

腎臟病患別碰鉀

體內的鉀通常透過腎臟的過濾而排出，所以對於腎臟病患來說，食用過量的鉀，會對已經生病、功能衰弱的腎臟造成一大負擔，稍有不慎，恐造成病情惡化。因此，腎臟病患吃鉀含量高的蔬菜，如菠菜、芹菜、花椰菜等，通常會汆燙後再吃，因為鉀屬於水溶性，水煮可以讓蔬菜中的鉀離子釋出水中，以減少攝取量；一般來說，醫生會建議腎臟病患吃含鉀量低的營養蔬菜如木耳、絲瓜、黃瓜和高麗菜等。

鉀含量過高的水果，腎臟病患亦要避免食用，以免腎臟無法負荷。低鉀水果如葡萄柚、檸檬、柑橘，還有鳳梨、蘋果、蓮霧和西瓜等適合腎臟病人食用，但一天以食用兩份水果為限，不宜過量。

若是高血壓病患，基本上可以大啖含鉀食物，因為高血壓的病因主要是口味太重吃太鹹，導致鈉多於鉀而引發的疾病，所

以要多補充含鉀食物來平衡，下列的含鉀食物一覽表能讓大家了解各類食物的鉀含量，避免攝取過多。後面也將提供兩道消腫瘦腿的含鉀食譜，讓大家在享用美食之際，也能適量補充鉀元素。

含鉀瘦腿食物一覽表

食物類別	低、中鉀食物（每100克食物＜300克鉀）	高鉀食物（每100克食物＞300克鉀）
五穀根莖類	米粉、蒟蒻、米苔目、白飯、西谷米、糙米、胚芽米、小米、燕麥片、地瓜、玉米、豌豆。	蕎麥、麥片、山粉圓、芋頭、糙米、南瓜、小麥、黑糯米、馬鈴薯、山藥、蓮藕。
蔬菜菇蕈類	木耳、黃豆芽、絲瓜、蒲瓜、大白菜、甘藍、苦瓜、油菜花、茭白筍、韭菜花、蘿蔔、茄子、花椰菜、冬瓜、香菇。	紫菜、乾海帶、栗子、空心菜、地瓜葉、川七、莧菜、金針菇、草菇、菠菜、茼蒿、山藥、韭菜、芹菜、甜椒、番茄。
水果類	鳳梨、柑橘、葡萄柚、蓮霧、水梨、土芒果、西瓜、水蜜桃、蘋果、葡萄、白柚、芭樂。	龍眼、榴槤、哈密瓜、紅棗、釋迦、芭蕉、香蕉、龍眼、奇異果、香瓜、酪梨、紅柿、楊桃。
其他	牛奶、蜂蜜、烏醋。	干貝、蝦米、吳郭魚。

消腫瘦腿食譜

325kcal

西班牙烘蛋（1人份）

材料

馬鈴薯 1個
蛋 1顆
大蒜 1瓣
乳酪絲 適量
橄欖油 適量
鹽 適量
黑胡椒 適量

攪拌！

請吃我！

?

作法

1. 將大蒜切碎末；馬鈴薯切成薄片蒸熟後，撒上些許鹽巴和黑胡椒調味；雞蛋打散後，在蛋液裡混入乳酪絲備用。

2. 於平底鍋倒入橄欖油，以小火將蒜末爆香，再將馬鈴薯薄片平鋪在鍋中，並層層交疊約2～3層。

3. 在鍋中均勻淋上攪拌過的蛋液，使蛋液滲入馬鈴薯薄片的間隙和鍋底，並以中小火慢慢烘煎，待蛋液凝固、乳酪牽絲即完成。

瘦腿 Point

　　口感鬆綿馬鈴薯是可以消除浮腫的瘦腿食物，和香濃乳酪更是天作之合；但乳酪已經有鹹味，鹽巴要少放點，以免攝取太多鈉而水腫。

芋香鹹粥（1人份）

298kcal

材料

隔夜飯 1碗
芋頭 30克
蝦米 5克
豬肉絲 30克
芹菜末 適量
油蔥 適量
沙拉油 適量
白胡椒 適量
鹽 適量

作法

1. 在鍋中倒入一點沙拉油，將蝦米、豬肉絲爆香後，加水煮滾。

2. 水滾後，放入切塊的芋頭和隔夜飯熬煮。

3. 煮至芋頭變鬆軟後，加入油蔥、白胡椒和鹽調味並增添香氣，最後撒上芹菜末即完成。

瘦腿 Point

　　芋頭中所含的鉀，比香蕉還要多50％。而且，很多根莖類食物都是鉀元素的絕佳來源，如南瓜、地瓜等，只要把一碗白米飯換成同樣澱粉含量的芋頭，攝入體內的鉀就能增加，吃重鹹重口味的人，不妨試著以根莖類食物代替米飯類當作主食。

5-3
下半身浮腫的飲食習慣——高糖高油
Say goodbye to fat legs

你知道微糖的飲料還是很甜嗎？
油和糖是健康的殺手，也是造成胖胖腿的兇手！

運動消耗的熱量，吃塊蛋糕就破功

在現代社會中，食物對人的誘惑能力很強，因為吃是人的天性，尤其是女性。研究顯示，女性比較貪吃，無論是零食的購買欲望還是喜愛吃下午茶點心的比例，都是女性高於男性的。

吃太甜腿瘦不了

現代人愛吃的東西不外乎零食、飲料和甜點，零食的味道很香，多數有太鹹的問題；而飲料無論是買少糖半糖還是微糖，大多只是安慰性質的心理作用，通常微糖的甜度還是很甜，而且很

多人一天不只喝一杯；甜點則是又油又甜的罪惡食品，不僅糖分高，奶油含量也多，此類食品對身體不僅一無是處，反而會使胖胖腿進駐你的身材。

不成正比的熱量

女生愛吃東西卻又嚮往完美的身材，於是想藉由運動鍛鍊身形，但是運動所消耗的熱量，與吃進食物所增加的熱量不成正比；吃塊小蛋糕只花5分鐘，就吃進300～500大卡，可是要消耗它們卻至少要運動1小時。而且現代人往往因為工作繁忙，就藉口推託沒有時間運動，想吃又想瘦的矛盾心態人人都有，但這時是你正視失控雙腿的時機了。

雙腿失控的變胖也會連帶影響身體的健康，所以女生們即使喜歡到下午茶蛋糕店吃吃喝喝，也要懂得節制；有不少人一旦發胖就會從下半身開始，並且有高達九成以上的人都是因為嗜吃甜食而肥胖，甜食不僅熱量高，又很難被身體代謝，所以容易轉換成脂肪堆積在臀部和腿部。

為了能夠有效率的變瘦，大家難免對熱量斤斤計較，有些人喜歡上健身房運動，因為健身器材上的螢幕會顯示目前消耗的卡路里，對運動的人來說會更有動力，但是螢幕上的顯示數字真的標準嗎？現在就可以告訴你，「不準」。

好吃！

由於每個人的體重不一樣，即使進行同一種運動、相同時間，其所消耗的熱量也會不同；通常體重越重的人消耗的熱量越多，以下是每小時各類運動和不同體重所消耗的卡路里（kcal）表，提供給大家參考：

⏱ 依據不同體重運動的熱量消耗表

運動項目	每kg消耗的熱量	50kg	55kg	60kg	65kg	70kg	75kg
搖呼拉圈	2.3	115	126.5	138	149.5	161	172.5
騎腳踏車	3.0	150	165	180	195	210	225
散步	3.1	155	170.5	186	201.5	217	232.5
快走	4.4	220	242	264	286	308	330
上樓梯	4.4	220	242	264	286	308	330
游泳	4.5	225	247.5	270	292.5	315	337.5
有氧舞蹈	5.0	250	275	300	325	350	375
羽毛球	5.1	255	280.5	306	331.5	357	382.5
溜直排輪	8.0	400	440	480	520	560	600
跳繩	9	450	495	540	585	630	675
慢跑	9.4	470	517	564	611	658	705

　　如果你的體重不在上述列表中，可帶入下列公式，即可算出每小時運動所消耗的熱量：

你的體重×每kg消耗的熱量＝消耗熱量/時

🔍 運動後該怎麼吃

　　千萬不要以今天有努力運動為由，便用一塊熱量很高的蛋糕來「表揚自己」，甚至放任自己休息幾天再開始運動，這樣只會讓先前的努力付諸東流。如果運動完忍不住想吃東西，可以適量補充一小把堅果、一份蔬菜沙拉或一份水果；雖然多數人都認同運動完一小時內不可以進食，否則會加速熱量吸收，反而變得更

胖，但其實運動完並非不能
吃，而是要看吃什麼？如果是
油膩的炸雞，當然會加速脂肪
吸收，但如果吃的是健康蔬
果，加速吸收的是營養成分，
對身體並無不妥，注意不要吃
過量就好。

　　人難免會有犒賞自己的心
態，但千萬不要變成放縱，一
定要時時刻刻鞭策自己持續運
動，唯有持之以恆，胖胖腿才會消失無影蹤。

喜歡甜食就是要聰明吃

　　一塊奶油巧克力蛋糕或一個繽紛馬卡龍真的可以令人心醉神
迷嗎？是的，吃到美食的確會感到滿足，但是甜點是胖胖腿的元
凶啊！

　　對於喜歡吃甜食的人來說，要他們戒除簡直難如登天，過度
拘束反而會造成莫大的壓力，而且剝奪最喜歡的食物只會讓人變
得無精打采，做任何事都提不起勁。但是，只要懂得控制份量，
你就可以同時滿足味蕾和美腿的願望。

熱量低的點心

　　通常一般的切片蛋糕、泡芙、水果派等點心，一個星期吃一
份是沒什麼關係，但如果平時就習慣吃洋芋片、巧克力、糖果之

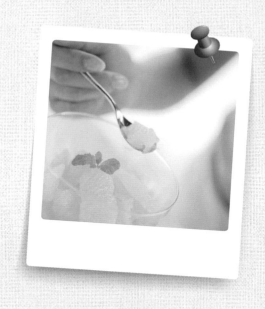

類的零嘴，其實就已經過量了。無法控制食欲的人，可以盡量選擇油脂和糖分較少的點心，如用蒸的甜芋頭包、布丁、奶酪、果凍、綠豆湯、水果優格等；反之，裝飾華麗的蛋糕和口感豐富的酥餅類點心，熱量非常高，一小份可能就高達800大卡，改成一個月吃一次較能減少負擔。

吃甜點要挑時間

　　吃甜點的時機也要慎選為佳，最忌諱吃甜點的時間是晚上，夜晚的人體代謝率降低且活動量少，容易將多餘的熱量囤積在雙腿；所以吃甜點的最佳時刻為白天。有研究指出，減重期間如果於早上食用甜食，可以克制接下來一整天想吃甜點的慾望，進而讓減重效果更好。

聰明吃，沒負擔

　　每天都離不開甜點的人，每日甜點的安全上限為標準總熱量的10%，如果人體一天所需熱量為1500大卡，那麼甜點熱量約佔150卡，大約是1/3份切片蛋糕或2片手工餅乾，務必要少量品嘗才能天天放心的享受美味。接下來，將為大家分析各類甜點的熱量，讓喜歡甜食的你，可以聰明選，輕鬆吃：

1. **選擇體積小的甜點**：甜點的體積與熱量呈正比關係，像是近來正夯的蜜糖吐司，最可怕的地方就在於其巨大份量，光是吐司部分就相當於3碗白飯，再加上冰淇淋、奶油、糖漿等等，整份熱量至少1200卡，這種甜點最好多找幾個姊妹淘分食，或者改選擇吃片小小的手工餅乾或精緻的馬卡龍，便能降低熱量攝取。下表是甜點熱量和份量比較表，提供給大家參考。

☕ 甜點熱量比較表

品項	蜜糖土司	馬卡龍	手工餅乾
份量	500g/份	20g/個	15g/片
熱量（卡路里）	1200	85	75
含油量	7茶匙	1茶匙	1茶匙

2. **吃乳酪不要重口味**：許多人以為乳酪是高鈣的健康食材，殊不知許多乳酪製品的脂肪含量高得驚人，吃一片重乳酪蛋糕等於喝下6.5茶匙的油，而且還是會讓膽固醇升高的飽和脂肪；不僅熱量高，乳酪也含有不少鹽分。若想得到乳酪中的營養，一天不宜超過30克的食用量，或是直接飲用牛奶即可。從下表即可知乳酪蛋糕的熱量很高，所以乳酪含量高的甜點絕對是禁區，胖胖腿人士勿進啊！

☕ 乳酪蛋糕熱量表

品項	重乳酪蛋糕	輕乳酪蛋糕
份量	105g/片	80g/個
熱量（卡路里）	430	260
含油量	6.5茶匙	3茶匙

3. 奶油、慕斯的香滑真相：

奶油和慕斯柔滑綿密的口感，都是靠油脂堆砌而成，所以蛋糕一旦加上奶油或慕斯，脂肪量就會瞬間暴增，熱量也會因此增加，如慕斯類蛋糕、提拉米蘇和泡芙之類的奶油甜點，含油量非常驚人，建議大家挑選不加奶油，且外觀較樸素的蛋糕。下表是市售蛋糕的熱量比較表，提供給大家參考。

市售蛋糕熱量比較表

品項	提拉米蘇	草莓奶油蛋糕	戚風蛋糕	泡芙
份量	90g/片	100g/片	60g/片	90g/個
熱量（卡路里）	310	280	150	300
含油量	4茶匙	3茶匙	1茶匙	4茶匙

4. 愛吃冰的人要睜大眼： 冰品是炎炎夏日的消暑良方，而市面上販售的冰棒、冰淇淋和冰沙等品項，少說也有數十種，該怎麼選才好呢？首先，購買的時候，一定要睜大眼看清熱量標示，通常越花俏的冰，例如添加巧克力碎片、花生顆粒、太妃糖之類的冰，熱量就越驚人；選擇標榜純鮮奶或優格類的冰品，熱量會較低。而冰品會這麼甜是因為人在吃冰或熱的東西時，味覺會比較鈍，必須放更多的糖才會覺得有味道。關於各種冰品

的熱量標示，請參照下面的表格，下表為市面上各種常見冰品的熱量一覽表，提供給大家做參考。

🍧 市售冰品熱量表

品項	芒果冰沙	抹茶紅豆冰沙	焦糖咖啡冰沙	綠豆冰沙
容量	500ml	600ml	500ml	500ml
熱量	250大卡	570大卡	420大卡	400大卡
品項	布丁雪糕	紅豆牛奶雪糕	巧克力雪糕	芋頭雪糕
容量	1支	1支	1支	1支
熱量	200大卡	155大卡	230大卡	170大卡
品項	梅子冰棒	蛋捲冰淇淋	巧克力聖代	麻糬冰
容量	1支	1支	170ml	1個
熱量	80大卡	175大卡	300大卡	150大卡
品項	粉圓冰	紅豆煉乳雪花冰	芒果雪花冰	八寶冰
容量	1碗	1碗	1碗	1碗
熱量	300大卡	580大卡	420大卡	600大卡
品項	草莓甜筒	香草冰淇淋	太妃糖冰淇淋	優格雪糕
容量	1支	1球	1球	1支
熱量	250大卡	95大卡	270大卡	205大卡

　　有一個下下策是無法控制吃甜點慾望時的偷吃步方法，也就是在食用甜點之前先服用特別成分的保健食品，以降低糖分吸收率。如白腎豆萃取物可抑制澱粉消化酵素，苦瓜萃取物和鉻等成分可延緩血糖上升，不過這些保健食品的效果有限，最根本的做法還是少吃為上策。接著，便為大家推介兩道瘦腿美食，這兩道高纖料理有促進腸胃蠕動，排出多餘油脂和糖分的成效，能為胖胖腿減糖消脂。

高纖瘦腿食譜

398kcal

鍋燒蔬菜烏龍麵（1人份）

材料

烏龍麵 80克
青江菜 1小把
小白菜 1小把
蛤蜊 5個
豬肉 適量
胡蘿蔔 適量
薑 適量

殼打開

洗乾淨

ᄫᄫᄫ

湯好喝

作法

1. 將豬肉切成肉片；青江菜、小白菜和蔥洗淨切為數段；胡蘿蔔和薑則切薄片備用。

2. 燒一小鍋水，水滾後，依序放入薑片、肉片和胡蘿蔔煮至熟透。

3. 接著，將剩下的食材放入，待麵條變軟、蛤蜊煮至殼開後，以白胡椒和鹽調味即完成。

瘦腿 Point

這碗蔬菜滿載的湯麵，擁有高纖維的營養成分，可以幫助身體排除毒素和脂肪，而且湯頭清甜可口，麵條Q彈，蔬菜量多又爽脆，吃完會很有飽足感！

義式香料烤蔬菜（1人份）

157kcal

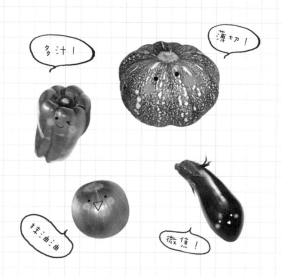

材料

南瓜 50克
番茄 1顆
青椒 半顆
洋蔥 半顆
茄子 半顆
巴西里 一小把
橄欖油 適量

作法

1. 將巴西里切成碎末；其餘蔬菜洗淨後，切成小片備用。

2. 切片的蔬菜加入橄欖油、黑胡椒和鹽巴，充分混合均勻。

3. 確認每一片蔬菜都均勻沾上橄欖油後，平鋪在烤盤上；將烤箱以200度預熱5分鐘，再把蔬菜送進烤箱烘烤20～30分鐘，蔬菜烤至微焦後，撒上巴西里碎末即完成。

瘦腿 Point

　　蔬菜是減肥和瘦腿人士的最佳食物，因為蔬菜的熱量低，又具有營養價值；以烘烤的方式料理蔬菜，可以帶出天然的蔬菜甜味，加上香氣十足的巴西里點綴，烤蔬菜變得香甜多汁，如果你已經吃膩水煮和炒蔬菜，不妨變換一下口味，下廚做做看。

5-4
下半身輕盈對策
——食物纖維

Say goodbye to fat legs

高纖食物好處多，不僅熱量低，
還可以促進腸胃蠕動，排出脂肪和毒素。

高纖食物對胖胖腿的好處

　　高纖食物來自蔬菜水果、五穀雜糧、豆類和堅果類，以上皆是瘦腿過程中不可或缺的食材，肉類則完全不含食物纖維。

　　食物纖維對雙腿的益處：

1. 天然的高纖維食物含有豐富維生素B、C、E和礦物質，這些成分可以促進肌膚的修補和健康，讓雙腿擁有好膚質。

2. 食物纖維可刺激腸道，加速腸胃蠕動，使排泄順暢，避免便祕和痔瘡的出現，也可以將體內多餘脂肪、膽固醇排出，老舊廢物就不會堆積在雙腿。

3. 食物纖維可以減緩腸胃裡的糖分和膽固醇進入血液，有助平衡並維持血糖穩定。

4. 食物纖維熱量極低，又能增加飽足感，有助於體重控制，並減少胖胖腿的發生率。

5. 纖維素可以有效降低大腸癌的發病率，維持身體各方面的健康。

　　一般成人每天約需18～30克的食物纖維，欲攝取足夠的纖維素，可以每天吃2～3份水果和2～3份蔬菜，每份大約拳頭大小；可多選擇五穀類和豆類食物補充之。

　　強烈建議在減重或瘦腿的過程中，每天三餐都要吃飽，若不能滿足口腹之慾，就無法在課業、工作或瘦腿運動上專注；但並不鼓吹大家吃太撐，只是希望在長期和胖胖腿作戰的戰役中不要餓肚子，所以，享用美食的時候，也請多攝取飽足感十足的高纖食物吧！

高纖飲食對策

　　提到食物纖維，最先想到的是黃瓜、番茄等蔬菜，但是黃瓜性寒涼，即使要做涼拌菜，也要煮熟後食用才不傷胃；而番茄屬於脂溶性維生素，搭配油脂一起料理更能發揮番茄的營養，所以煮熟的番茄比生番茄更有益。牛蒡、胡蘿蔔、蓮藕等蔬菜的纖維素含量很豐富，可以多多攝取，而蒟蒻、蘑菇、海藻類等食物不僅有高纖特性，熱量也很低，胖胖腿人士可以利用這類的食物特性，達到不錯的瘦腿效果。其中，蒟蒻的熱量雖低，卻不能單方面攝取，必須搭配各種食物一起吃，才能吃飽又吃巧。

該注意的是，很多人會食用蒟蒻和洋菜類食物減肥，但是，正常的三餐不能完全依靠蒟蒻和洋菜。這兩種食物熱量雖然低，但營養成分也不足以提供人體所需，如果只吃這兩樣，就無法維持正常的營養平衡。建議大家可以將蒟蒻和洋菜代替部分熱量比較高的油膩食物，以避免攝取過多脂肪和熱量，但必須適量並均衡補充肉類、奶蛋類等其他食物的營養。

實現高纖飲食並不難，例如喝豆漿補充纖維素時，務必將漂浮在豆漿上的豆皮也一併吃下去，因為那才是最營養的部分；此外，如果家中習慣吃白米飯，不妨加入五穀米或地瓜一起煮，就可以在三餐中攝取到足夠的纖維。

通常我們吃進去的食物會在胃裡消化，再經由小腸吸收到身體裡，但如果吃太多，食物就會形成贅肉囤積在體內。而食物纖維比較特別的是它無法被人體消化，但食物纖維卻可以抑制小腸吸收多餘的脂肪、澱粉以及蛋白質。並且促進大腸排泄宿便和老舊廢物；糞便及老舊廢物若堵塞在腸道會引起疾病，因此攝取食物纖維很重要。

高纖飲食除了多吃含大量纖維的蔬菜之外，也能加入水果或

堅果打成蔬果汁或精力湯，這也是不錯的攝取方式。以下的高纖食物排行榜，為不知該從何攝取纖維的你指點迷津；並在後面介紹兩道低卡高纖的美味食譜，讓所有為了身材餓肚子的人不僅吃飽又能大快朵頤一番！

高纖食物的纖維含量排行榜

名稱	紅豆	綠豆	小麥胚芽	豌豆
份量	100克	100克	100克	100克
纖維含量	12.3克	11.5克	8.9克	8.6克
名稱	牛蒡	木耳	核桃	皇帝豆
份量	100克	100克	100克	100克
纖維含量	6.7克	6.5克	5.5克	5.1克
名稱	毛豆	柿子	燕麥片	香菇
份量	100克	100克	100克	100克
纖維含量	4.9克	4.7克	4.7克	3.9克
名稱	榨菜	糙米	地瓜葉	黃豆芽
份量	100克	100克	100克	100克
纖維含量	3.5克	3.3克	3.1克	3.0克
名稱	海帶	花生	豆漿	芭樂
份量	100克	100克	100克	100克
纖維含量	3.0克	3.0克	3.0克	3.0克
名稱	芋頭	蓮藕	草菇	綠花椰菜
份量	100克	100克	100克	100克
纖維含量	2.8克	2.7克	2.7克	2.7克
名稱	地瓜	馬鈴薯	奇異果	胡蘿蔔
份量	100克	100克	100克	100克
纖維含量	2.4克	2.4克	2.4克	2.3克

高纖瘦腿食譜

鮮蔬雞肉捲（1人份）

198kcal

材料

萵苣葉 1片
苜蓿芽 15克
番茄 半顆
青椒 1/4顆
玉米 1根
雞胸肉 100克
橄欖油 半小匙

低熱量！

酸酸甜甜！

清脆！

作法

1. 將玉米粒切下來水煮；番茄切片；青椒和雞胸肉切成細條狀，再用滾水燙熟備用。

2. 玉米粒、番茄、青椒和雞胸肉放入碗中，並拌入黑胡椒、鹽和橄欖油，攪拌均勻後備用。

3. 把萵苣葉攤平，放入苜蓿芽以及調味過的玉米粒、雞胸肉、番茄和青椒，接著，連同食材捲起即完成。

瘦腿 Point

多吃蔬菜水果是高纖飲食的關鍵，高纖食物可以促進身體代謝，順利排出體內脂肪和老舊廢物。

蒜香乳酪烤蘑菇 （1人份）

126kcal

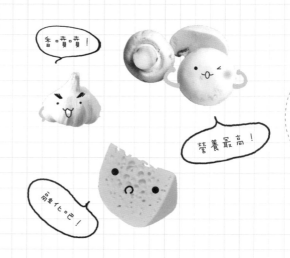

材料

蘑菇 10朵
大蒜 1瓣
乳酪絲 適量
迷迭香 適量
黑胡椒 適量
鹽 適量

作法

1. 蘑菇洗淨挖去蒂頭；大蒜切成蒜片備用。

2. 將挖去的蘑菇蒂頭切碎，拌入蒜片、乳酪絲、鹽和黑胡椒，並充分攪拌均勻。

3. 攪拌好的材料填入一朵朵蘑菇中，烤箱以180度C預熱5分鐘，將填滿料的蘑菇送進烤箱烤10～15分鐘。

4. 直到蘑菇表面變皺，色澤微焦即可取出，取出後，撒上迷迭香增色調味即完成。

瘦腿 Point

　　各種菇類的熱量都很低，營養價值卻很高，是很好吃的瘦腿食物。營養師更暱稱蘑菇為「蔬菜牛排」，因其口感多汁厚嫩，纖維質含量高，吃了不僅有飽足感，還可以降低血液中的膽固醇。

5-5
下半身肥胖的飲食習慣──隱藏脂肪

Say goodbye to fat legs

有些食物吃起來和看起來不油，
但隱藏的脂肪卻不少，請大家小心食用！

你看不到，不代表油不存在

對於想要減掉胖胖腿的人來說，脂肪的存在感是很大的威脅，如果脂肪攝取過多，超過身體所需的熱量，就會使身體發胖，大多數的胖胖腿也都是脂肪造成的。請檢查一下腿的外觀，若有橘皮組織或是肉質鬆軟，就是脂肪在作祟。

隱藏油脂的食物

脂肪一般都是從飲食中攝取，所以大家應該正視「油從口入」的問題。你也許注意到餐桌上的麵包塗有奶油、炸的食物中也含有高油脂，但卻忽略了某些食品中也含有隱藏起來的脂肪。

早餐吃的三明治讓你以為很健康嗎？裡面有生菜、蛋和肉，營養看似均衡，但三明治裡的培根、火腿、熱狗等加工肉品，不只含有蛋白質，也有很多脂肪，而且加工肉品通常都有過鹹的問題，雖然很少聽到有人說「好油的火腿片！」但其實製作火腿和熱狗的過程中，必須用大量的油，才能

做出有彈性和嚼勁的口感，所以吃起來越脆的熱狗，隱藏脂肪越多；即使將三明治夾層換成熱量好像比較低的鮪魚，但業者為了能延長保存期間，會以油漬的方式做成鮪魚罐頭，熱量一樣不可小覷，所以這類食物並不適合每天當作早餐，務必少吃為妙。

麵包熱量高

說到隱藏脂肪絕不能遺漏麵包，尤其是外觀有酥皮的麵包種類，如丹麥麵包、牛角麵包、波羅麵包等，從外表而論，完全看不到油脂的存在，但是，這些麵包都含有大量的奶油，而且奶油量越多越能創造酥鬆香脆的口感，以此類推，比麵包更脆的餅乾和零食，含油量會更多。另外，市售濃湯都含有奶油，奶油的濃郁口感幾乎決定了餐點是否鮮美，但也讓胖胖腿拉警報！

避開隱藏脂肪並不難，除了加工食品，濃稠的湯汁或奶油類食品，如香腸、羹湯、糕餅等，都是隱藏脂肪的大本營，盡量不吃並把加工肉品換成新鮮肉片，就能使早餐變健康。

請考慮脂肪的品質

　　隱藏脂肪的問題不僅要從熱量方面考慮，油的好壞也值得重視。像是速食業者販售的油炸物，如薯條、雞塊，這些食品重複使用相同的油不斷油炸，連續高溫之下，油早已變質。

　　你也許曾發現，炸薯條的頭尾兩端容易變成咖啡色，洋芋片的邊緣也總是焦焦的，麵包也很容易烤焦。這代表什麼呢？這表示油不耐高溫，所以含油的食物容易因為高溫而焦黑，這些微焦的部分吃起來有股焦香味，但你吃進肚的不只油，同時也吃下不少因高溫而變質的致癌物，致癌物之中的毒素會堆積在腿部，進而形成局部肥厚的身材。

好的脂肪從哪來

　　好的脂肪大多在天然食物中，如新鮮的肉品和魚類，或從植物中萃取；三明治裡的肉片如果可以用新鮮的肉代替火腿、培根，才是具備營養的食物；鮪魚罐頭也盡量選擇水煮的，而且攝

取量要減少，以免吃得太鹹或太油；選購麵包也盡量選擇裝飾不華麗的外觀，如果買的是含有酥皮、美乃滋、肉鬆之類的麵包，也會買進過多熱量。

　　你已經習慣早餐吃火腿蛋加杯中冰奶了嗎？從現在開始把醃製肉品和奶精、

奶油戒掉吧！當然，這些食品不會馬上使身體有狀況，但長此以往，身材一定會失控，因此，想塑造凹凸有致的身材，請盡量吃天然食物。

　　不只市面上所販售的食物有隱藏脂肪的問題，很多女性也有隱藏肥胖的現象，隱藏肥胖就是身材看起來雖然苗條，但體內的脂肪含量卻很高，這類型的女性食量雖不大，卻喜歡吃含油量高的食物，導致身體的脂肪比例也居高不下。下表即列舉多數人愛吃的食品，並公布其隱藏脂肪含量為何，請大家在進食前三思而後吃，以免破壞身材又傷害健康。

🍴 隱藏脂肪含量表

名稱	泡麵	油條	牛角麵包	香腸
份量	80克	140克	50克	80克
脂肪量	23.4克	39.6克	9.3克	31.8克
名稱	美乃滋	花生醬	全脂牛奶	火腿
份量	11克	16克	250ml	80克
脂肪量	5.5克	8.2克	8.2克	14.3克

　　仔細觀察以上的表格，表格裡的食物是不是經常出現在你的餐桌上？如果是的話，代表你攝取的脂肪已經過量。而想要瘦腿的人，除了要避免攝取過多脂肪和鹽，最重要的是懂得吃好油，好的油脂可以豐滿胸部，緊實臀部，所以接著便要介紹兩道翹臀瘦腿料理，請大家一起健康吃好油，打造黃金比例般地好身材。

翹臀瘦腿食譜

210kcal

港式香滑核桃露（1人份）

材料

核桃 50克
白米 6克
糯米 10克
蜂蜜 適量
水 75c.c
牛奶 50c.c
白糖 適量

打碎！

甜蜜蜜！

泡軟！

作法

1. 將核桃均勻鋪在烤盤中，送進200度烤箱烘烤10～15分鐘。

2. 白米和糯米放入平底鍋，以中火不停拌炒，直到米的顏色呈現金黃色，再將炒好的米泡水45分鐘，直到米粒變軟。

3. 核桃和米加水後，放到果汁機打碎，打至細滑無顆粒狀；再放到鍋中加牛奶熬煮至濃稠，最後以蜂蜜和白糖調味即完成。

瘦腿 Point

核桃是在秋天採收的食材，秋日乾燥，多吃核桃可以潤肺養血，內在體質調理好，運動瘦身會更有效果；而且核桃含豐富油脂，可以滋潤肌膚、促進發育，有豐胸翹臀的效果！

苦茶油海鮮燉飯（1人份）

425kcal

材料

白飯 1碗
魷魚 1尾
蝦子 5尾
蛤蜊 10個
洋蔥 適量
水 75c.c
苦茶油 1大匙
白酒 1大匙

作法

1. 除去蝦子的腸泥並剝殼；蛤蜊放在水中吐沙；洋蔥切丁；魷魚切成魷魚圈後備用。

2. 平底鍋中倒入苦茶油，將洋蔥丁爆香，並加入白飯拌炒，然後再加水和白酒燉煮，並撒入適量鹽巴調味。

3. 水滾後，將蝦子、魷魚、蛤蜊加入鍋中繼續燉煮，直至海鮮熟透，撒上黑胡椒即完成。

瘦腿 Point

苦茶油是從茶樹種子中所榨取的油脂，含有維生素A、E等營養，有養顏美容的價值。苦茶油的單元不飽和脂肪酸更是各類油品之冠，可以降低人體內的膽固醇，對健康相當有益。

5-6
下半身輕盈對策
——吃好油

Say goodbye to fat legs

想減肥不敢碰油膩的食物嗎？
別傻了！吃好油才可以創造魔鬼身材。

油脂是創造魔鬼身材的好物

一提到脂肪，人們就容易將之與身體發胖聯想在一起，的確，醣類（碳水化合物）每公克可產生四千大卡熱量，而脂肪每公克即可產生九千大卡熱量。脂肪是一種高熱量的營養素，如果吃得過多，體重便直線上升，可是，完全不碰也不行。

避免胖胖腿的第一步，就是不要吃壞油，所謂的壞油是指經由人工合成的非天然油脂，也就是俗稱的「反式脂肪」，這種油無法被身體代謝，簡直是健康的頭號殺手，其中最可怕的就是「奶油」，

其真實名稱為氫化油，時常出現在薯條、麵包、洋芋片、鹽酥雞等食物裡，也是引起肥胖的主因。

　　然而想擁有前凸後翹的的好身材，臀部和胸部必須擁有足夠的脂肪，才會圓翹有彈力，所以習慣節食或只吃水煮食物並不會讓身材變好，聰明攝取油脂才是高招。新鮮無污染的肉類本身含有動物性油脂，例如：魚油，或是天然榨取的植物油，如葵花油、花生油。

好油功效

　　好油搭配維生素一起烹調，不只對身材有好處，對身體健康也很有益處。像維生素A、E、K等營養素，皆屬於「脂溶性維生素」，也就是說，這些維生素與油脂一起被食用，就容易被身體吸收。例如：富含維生素A的豬肝通常會用來炒麻油，兩者一起食用，有補血袪寒的效果；而維生素E的來源是葵花子、花生等堅果，魚和五穀類等食物也含維生素E，適量攝取可以達到抗氧化的效果；含有維生素K的則有綠、白花椰、奇異果和高麗菜等，這都是平時常吃到的蔬菜，只要不偏食，就可以獲得足夠營養，並且維持穠纖合度的魔鬼身材。

　　無論是用什麼樣的油煮食，都不適合反覆油炸，因為在接連不斷的高溫之下，即使是好油也會變質。變質的油會使食物顏色變深，不僅味道焦苦，營養也不復存在。

對雙腿有益的好油軍團

動物性油脂如奶油、豬油等雖然會對雙腿造成負擔，但這些油與天然植物油的熱量幾乎相同，所以即使食用較為健康的植物油，攝取過量還是會發胖。

油的保存方式

建議大家盡量使用可降低膽固醇的植物油，常見的有橄欖油、芝麻油、花生油和葵花油等。當維生素溶解在植物油的不飽和脂肪酸中，會使膽固醇的活動能力減弱，所以攝取適量的植物油，可降低膽固醇，達到身體的需求並得到平衡。要注意的是，植物油容易和空氣中的氧氣結合，而形成「過氧化脂質」，這是一種有毒物質；而且氧化過程若在高溫或光照環境，會加速油質氧化，為避免氧化情形發生，應將植物油保存在黑暗、通風處，蓋子要關好，並且盡快使用完畢，減少和空氣接觸。

好油料理

各種油品都有適合烹煮的料理方式，以橄欖油來說，上等的初榨橄欖油適合拌沙拉直接食用，無須經過加熱烹煮；橄欖油放在室溫陰涼處可保存約18個月，但經過煎炸的橄欖油會完全流失抗氧化成分，所以不要重複用油；

而無論哪一種油，都有適合烹調的溫度，如果拿拌沙拉的油去炒菜，反而浪費了油的營養，所以購買前要認清烹煮說明。

如何挑選好油

請參考下列方式挑選品質出眾的油品。

1. **觀察色澤**：橄欖油呈黃綠色，顏色越濃郁越好；花生油則應為淡黃色或淺橘色；葵花油的顏色為黃中帶綠或金黃色。

2. **聞油的氣味**：沾一點油在手心搓幾下後，細聞其散發的氣味；好油會散發淡淡香氣，不會有異味或臭油味。

3. **觀察油的透明度**：好的植物油靜置1天後，應該呈現不混濁、無沉澱、無懸浮物等清澈透明的質感。

4. **品嚐油的滋味**：將一小滴油放到舌尖淺嚐，會有清香滑順的口感，不應出現苦澀、焦臭、酸敗的異味。

在此要提醒大家，油脂是創造好身材的必備因素，吃好油更勝於完全不碰油。好的油脂不只可以打造好身材，也是維護膚質和髮質的好幫手，腿部皮膚乾燥發癢時，補充適量油脂，可以有效潤澤肌膚，減少雙腿產生皺紋；此外，若頭髮乾裂、容易打結，油脂也能由內而外的滋潤髮絲，使髮質柔軟有彈性，讓你擁有一頭烏黑亮麗的秀髮。而補充油脂的方式非常簡單，後面提供了兩道簡單易上手的翹臀瘦腿料理，請大家一起輕鬆做美食吧！

翹臀瘦腿食譜

225kcal

油醋鮮蝦溫沙拉（1人份）

材料

萵苣葉 3片
番茄 1顆
小黃瓜 1條
玉米筍 5根
去殼草蝦 5尾
松子 適量
核桃 適量
黑酒醋 1小匙

喀滋！

超美味！

健康！

作法

1. 萵苣葉用手撕成小片；番茄切片；小黃瓜斜切成片備用。

2. 水煮滾後，將萵苣葉、番茄片、黃瓜片、玉米筍和草蝦燙熟後放至微溫的程度；松子和核桃放入烤箱以150度C烤5分鐘備用。

3. 將橄欖油與黑酒醋以3：1的比例調合成油醋（黑酒醋也可以用檸檬汁代替），並均勻拌入食材中即完成。

瘦腿 Point

溫沙拉裡的堅果和橄欖油都是良好的油脂，可以增加臀部和腿部肌膚的彈性，並減少腳踝細紋。

和風豆腐漢堡排（1人份）

材料

拌勻！

拌炒！

滑嫩感！

嫩豆腐 50克
絞肉 50克
洋蔥 1/3顆
蛋 1顆
麵包粉 15克
鹽 適量
橄欖油 適量
紅酒 15c.c.
番茄醬 1大匙

作法

1. 洋蔥切丁後，用橄欖油將洋蔥以小火炒香。

2. 絞肉加入適量的鹽和黑胡椒，攪拌至有點黏性，再放進嫩豆腐、麵包粉和蛋，全部拌勻後，用手捏成圓圓的漢堡排形狀。

3. 捏好的漢堡排置於平底鍋，兩面煎至金黃熟透後裝盤；將紅酒、番茄醬和水放入鍋中混合並燒熱後，淋在豆腐漢堡排上即完成。

瘦腿 Point

豆腐是防止臀部下垂的聖品，因為豆腐含有豐富的蛋白質，體內有足夠的蛋白質，比較容易增加身體的肌肉。

掌握排毒時間之餘，

你確定瘦腿料理的美腿精華都被吸收了嗎？

Lynn就在這一PART給你溫馨小貼士，

告訴大家如何閃躲隱藏在食物裡的熱量，

並留住各種食物的營養、健康和美味，

打造一雙女神般地無敵美腿！

PART 6

雙腿24小時
持續纖瘦小貼士

Lynn說：「人體內有五臟六腑，而一天24小時的每個時辰都有不同臟腑在排毒，若能順利排毒，毒素和老舊廢物就不容易堆積在下半身，所以Lynn要把每個時辰該做的事一字不漏地告訴你，讓你的雙腿24小時不打烊地纖瘦！」

6-1
全天候經絡排毒
超享瘦

Say goodbye to fat legs

掌握排毒時間搶先瘦！
輕鬆生活一整天，讓雙腿每分每秒都輕盈。

晚上PM11：00～凌晨AM1：00

全身的血液循環是24小時進行的，若身體出現毛病，就會有循環受阻的問題，而人體的日常作息要健康、規律，才能常保經絡疏通、循環順暢。晚上

11：00的時候，血液走到膽經，此時是身體開始進入休養及修護階段，應讓腸胃充分休息且避免熬夜，並在這個時間準備就寢；晚睡的人，膽經容易出現問題，而且徵狀在隔天就會呈現，膽經衰弱會產生頭暈目眩、睡眠品質不佳等情形，致使

隔天精神不濟；此外，雙腿皮膚也會顯得粗糙不堪，所以，晚上11：00後，趕快在床上躺平吧！

凌晨AM1：00～凌晨AM3：00

此時血液走到肝經，為人體修補組織、調和氣血的最佳時刻。這個時候必須呈現熟睡狀態，才能增強體內免疫功能，抵禦細菌及病毒等「外邪」侵犯。

肝和膽互為表裡，因為肝細胞會分泌膽汁，若肝功能受損，就會連帶影響膽的健康。在這段時間熟睡可促進血液流回肝臟，提供營養，有益肝臟健康；若到了凌晨1：00還沒入睡，肝臟不能好好休息，就可能會發炎。

尤其是B型肝炎、C型肝炎帶原者以及肝病患者，最好在晚上11點前就寢入眠，使肝臟得到充分休養，否則此時會感覺更不舒服。

如果肝臟可以正常代謝並調養氣血，雙腿囤積的老舊角質和廢物就可以順利被代謝，氣血循環好，雙腿也能擁有好膚色；只要經絡不堵塞，腿部肌肉就不會僵硬粗壯。

凌晨AM3：00～早晨AM5：00

此時血液走到肺經，應注意肺臟保養，以及身體溫度的調節。由於此階段尚在睡眠階段，血壓與腦部供血量較低，脈搏、呼吸次數少，故生命力最為脆弱，所以這個時段最容易引起氣喘病人發作或咳嗽，須注意保暖和呼吸系統的保養。

早上起床時，可先將手掌摩擦生熱遮住口鼻，以避免口鼻直接接觸冷空氣而出現過敏或氣管不適。平時也可以多吃滋養肺經的食物，如白木耳、蓮子、水梨等，肺經若調理得好，皮膚不易乾燥，雙腿肌膚也能水嫩白皙。

早晨AM5：00～早上AM7：00

此時氣血循行到大腸經，會促進大腸蠕動，所以有些人習慣在此時排便，有助於排出體內毒素。有便祕問題的人，如果想在早上培養排便習慣，可選擇在這個時間，喝杯溫開水、牛奶或蔬果汁，幫助排便順暢。

培養排便習慣可在平常多攝取有助大腸蠕動的食物，例如高纖蔬菜及水果，平時少喝冰的飲料，並在早上一起床就先飲用一杯溫開水，不僅能促進排便，還有養顏美容之效。

早上AM7：00～早上AM9：00

此時血液走到胃經，吃進腸胃的食物容易被消化吸收與代謝，以提供人體一天所需熱量與精力。因此，健康專家和醫生總

是不斷強調，無論再怎麼忙碌，早餐一定要吃，而且早餐的內容必須包含醣類、蛋白質、維生素和礦物質，身體才能均衡攝取到各種營養成分。

醫學報導指出，若沒有吃早餐的習慣，不僅容易發胖、心神不寧，還會感到頭腦不清，讀書的精神和工作效率也都會下降，長期下來，罹患慢性病、腸胃病的機率也會大幅提升，須多加留意。

早上AM9：00〜上午AM11：00

此時氣血循環至脾經，是氣血最旺盛的階段，所以這個時候的專注力和學習力最佳，但不宜食用燥熱及辛辣刺激性的食物，無論是補氣補血或補陽補陰，都要顧及脾胃的適應性，太重口味的食物容易刺激脾胃，且傷及健康，所以此時不適合食用麻辣、酸辣類的料理，或太補的藥膳與補品。

此外，一覺醒來，若發現眼屎過多，黏得眼睛睜不開，就表示重口味食物吃太多。中醫認為，飲食不節或過於勞累都會損及脾經的運行，暴飲暴食更會使雙腿像吹氣球一樣的變胖，故飲食遵守七分飽原則對人體最無負擔。

上午AM11：00～下午PM1：00

此時血液走到心經，是心經氣血最充盈的時辰，適合調養休息。假使午餐吃了七分飽，餐後10～20分鐘小憩片刻可補充精力、振奮精神；但中午若吃過飽，馬上趴下午休則會影響食物消化，所以，不妨先靠在椅子上閉目養神。

下午PM1：00～下午PM3：00

此時血液走到小腸經，小腸具有消化食物與吸收營養的作用，可使營養成分經血液輸送到全身，並將多餘水分送至膀胱，其餘則送至大腸，藉由大腸將廢物排出體外。

小腸若是受損，可能會有大小便失常的情形，故應多加注意小腸的保養。午睡過後，腸胃開始休息，所以此時不宜進食，晚餐時間更應盡量減少蛋白質、脂肪與澱粉類食物的攝取，否則會消化不良並容易發胖；如果無法順利吸收營養並排出體內廢物，便會囤積在身體各部位，造成局部肥胖的情形。

若食物進到身體裡，無法有效吸收，多餘的脂肪、體內毒素和廢物便會囤積在下半身，所以身體一旦變胖，雙腿通常是首當其衝的肥胖部位。

下午PM3：00～下午PM5：00

　　此時是氣血流注膀胱的時辰。由於膀胱是泌尿系統的主要器官，能儲存和排泄尿液，而排尿可以帶走身體多餘鹽分和毒素，為了促進膀胱排泄，故這段時間應盡量多補充水分，以輔助膀胱排除體內廢物，有助於泌尿系統的代謝。

　　雙腿水腫而顯胖的人，適合在這個時候泡杯茶，烏龍、普洱或是其他茶類皆可，茶的特性是利尿，能幫助人體排出體內廢物，降低膽固醇，日常飲用以無糖茶類為佳。

　　茶含有咖啡因，所以有些人喝茶會不易入睡，以下是市售飲料的咖啡因含量表，提供給大家參考，以避免攝取過多咖啡因造成身體負擔；一般來說，每天攝取的咖啡因量不應超過300毫克。

各種飲品的咖啡因含量表

名稱	紅茶	綠茶	普洱	麥茶
容量(ml)	250	250	250	250
咖啡因含量(mg)	40～70	25～40	2～5	0
名稱	可樂	可可	咖啡	冷泡茶
容量(ml)	350	250	250	250
咖啡因含量(mg)	34	20～50	75～150	30～50

下午PM5：00～晚上PM7：00

　　此時血液走到腎經，腎經是維持體內水液平衡的主要經絡，這時應讓身體稍作休息，不宜過勞；腎如果不健康，容易有腰酸背痛、過度疲倦的問題。

　　腎是過濾器官，可幫助身體排毒解毒，但現今食物因充斥

許多人工添加物，對人體不利，也會造成腎臟的負擔，所以在挑選食物時，應以天然蔬果為佳，並多喝白開水；而雙腿肥胖的人，飲食習慣通常是高油高鹽高糖，長期下來，會讓腎臟的運作不堪負荷。故平常飲食宜清淡，減少腎的工作量，才能維持腎的解毒功能。

晚上PM7：00～晚上PM9：00

此時氣血循環至心包經。心包經主血，有造血功能，因此，血液循環佳，適合精神飽滿地閱讀或放輕鬆地做瘦腿操。

若晚餐吃得太豐盛，腸胃負荷較重，容易導致胸中煩悶、噁心，故晚餐不宜吃太撐；而且在這個時間，最好不要喝咖啡，其所含的咖啡因除了會影響睡眠，還可能引起心悸。

此外，晚上吃太多油膩食物會讓雙腿和臀部容易累積脂肪，這是因為此時的循環和吸收力極佳，不知不覺便攝取過多熱量。

晚上PM9：00～晚上PM11：00

此時血液走到三焦經，三焦經的上焦為心、肺；中焦是指肚臍以上的脾、胃；下焦則為小腸、大腸、腎、膀胱等位置。

三焦經位於胸腔與腹腔，為經絡的轉運站，體內循環皆須通過三焦而輸送至五臟六腑，是氣血與津液運行的必經路徑。若這個時間剛做完運動，不要喝太多水，因為運動後，代謝力變好，若灌下太多水，只會加快身體排出水分。

6-2 養成女神腿的飲食原則

Say goodbye to fat legs

每個人的心中都有一位女神，
而你絕對可以當自己的女神，只要學會吃三餐！

女神絕不餓肚子

擁有一雙美腿是不需要節食的，因為節食而瘦下來，只會變得毫無體力且面黃肌瘦，距離心目中美麗的女神形象也會越來越遠。趕快學習以下的飲食原則，包準你吃飽飽、水噹噹！

1. **少油飲食**：請選擇油脂含量低的主食，例如五穀飯與油飯，應當吃熱量低的五穀飯；雜糧饅頭和菠蘿麵包，則應選擇雜糧饅頭，以減少油脂的攝取。

2. **蔬果飲食**：請以植物性食材為主，每餐大約占三分之二的份量，包括五穀根莖類、蔬菜類與水果類；尤其深綠色或深黃色蔬菜最好餐餐吃1～2份，每份約1個拳頭大，便能使營養更全面。

3. **少肉飲食**：每日飲食中，奶、蛋、豆、魚、肉類占三分之一的份量就好，吃多反而會造成雙腿長贅肉。

4. **變換飲食：** 不要只固定吃某幾種食物，應經常變換食物內容，才能攝取到各種食物中的營養成分。

5. **好油飲食：** 烹煮食物最好採用植物油烹調，每日建議用量約2～3茶匙，不可超過15公克。

6. **均衡飲食：** 每日飲食應涵蓋六大類食物，雖說不用每餐都達到均衡標準，但建議可從三餐之間截長補短，如果這一餐多吃了肉，下一餐就多吃點蔬果平衡，可彈性配合生活步調來選擇餐飲類型。而喜宴節慶或享用大餐的前後，盡量以清淡飲食來調和，避免攝取過量而損害脾胃健康。並切記不可偏激，如上一餐暴飲暴食，這一餐就不吃不喝，應適量拿捏進食份量為佳。

7. **限量飲食：** 用餐時，若用筷子到各個盤子夾菜，就不知道自己到底吃進多少食物；你可以準備一個碗公或餐盒，裝三分之一的魚、蛋、豆、肉類、三分之一的蔬菜、三分之一的飯，如此便能簡單控制食量，又能很有飽足感地吃進滿滿飯菜。

8. **緩慢飲食：** 囫圇吞棗的人容易吃太多，並很快感到飢餓；不妨先試著將餐具換成小湯匙，如此就能降低吃飯的速度。吃的時候，也要盡量細嚼慢嚥，並仔細品嚐食物的美味。

6-3
外食族減少熱量
小技巧

Say goodbye to fat legs

你是餐餐老是在外的外食族嗎？
即使只能吃外食，減少熱量還是有方法！

把熱量隔絕在千里之外

　　上班族和外食族都是經常在外用餐的族群，這群人的生活和工作壓力都很大，為了爭取寶貴的午休時間，吃東西常常又快又狠，現在就要教大家，吃東西除了要放慢速度，還要小心熱量入侵，以下有10個減少熱量攝取的小技巧，請大家吃外食的時候要多加注意。

1. 以全穀類、糙米飯、粥或麵等五穀根莖類為主食。

2. 餐後甜點盡量以新鮮水果代替蛋糕、甜食。

3. 以白開水或茶飲代替可樂、

汽水、調味乳或其他甜味飲料；也可以選擇有益健康的天然飲品，如鮮榨果汁、脫脂或低脂牛奶。

4. 食用如炸蔬菜、炸蝦、炸豬排等油炸食物時，可先去除包裹食材的油炸麵衣，或者是少量品嚐，以減少油脂攝取。

5. 多選擇清蒸、水煮、紅燒的菜餚，如蒸蛋、白斬雞、紅燒豆腐、蒸魚等。少吃炒、炸與勾芡類食物，如炸雞排、煎牛排、炒飯、炒麵或羹湯等料理。

6. 少吃乳酪類的食物，因為乳酪的含油量很多；美乃滋之類的沙拉醬也是油脂製成，吃進過多脂肪易在腿部形成橘皮。

7. 享用吐司麵包時，應避免抹上奶油，才能有效降低熱量攝取。

8. 吃火鍋時，可選用番茄湯底，避免麻辣、咖哩、豚骨等熱量高的高湯。喝湯前，也應先撈掉油渣再喝；煮火鍋的食材宜選魚、雞、海鮮等白色食材，少吃豬、牛、羊肉等紅肉；蔬菜量也要比肉多，並多選用天然食物，如香菇、蝦仁，少吃魚餃、蛋餃等加工製成的火鍋料。

9. 不要吃醃漬或糖漬的瓜子、花生，改以無調味的腰果、核桃、杏仁等堅果類食物補充為佳。

10. 避免食用加工、煙燻食物，如培根、鹹魚、香腸、鹹菜等。

6-4
偷偷增加
蔬果攝取量

Say goodbye to fat legs

懶得吃蔬果嗎？
現在就教你聰明吃蔬果，而且不知不覺就吃很多！

青菜水果「攏置這」！

　　很多人嫌吃水果很麻煩，又要削皮又要剝皮；對青菜則是覺得淡而無味，能不吃就不吃；肉則是「一日不食，便覺面目可憎」。如果你一時無法改變肉食性的飲食習慣，以下便教你聰明吃進高纖蔬果，幫助你代謝雙腿毒素和脂肪的小撇步！

1. 生吃蔬菜的營養價值高，因為蔬果含有豐富的營養素及膳食纖維，生食不但能直接獲得蔬菜中的營養素，還能減少高溫炒煮所流失的養分。但是單吃蔬菜口味清淡，不妨水煮一些雞胸肉，再切成雞肉絲，撒點鹽和胡椒調味，然後包進蔬菜中一起吃，不僅味道更好，也更有飽足感，並且有益健康。

2. 避免選擇太大塊的肉，如牛排、豬排等；多選購豬肉絲、牛肉絲，搭配青椒或甘藍菜一起快炒，即變成香噴噴的美味料理。

3. 準備做成獅子頭、漢堡排，或是要用來包水餃、燒賣等肉餡，

可將青江菜、大白菜、胡蘿蔔等蔬菜切碎混在肉餡當中，藉此提高蔬菜含量比例，吃起來也會更多汁鮮爽。

4. 將A菜、菜豆、四季豆、青江菜、大白菜等蔬菜放入飯鍋，加一點番茄或蔬菜高湯，和米一起煮成菜飯，可使飯的味道更香甜，藉此增加蔬菜食用量。

5. 在湯裡加小白菜或青江菜，可提升纖維質的攝取。

6. 利用水果製作糕點，其甜度可以增香提味，糕點不僅能減少糖量，還能添加美味。

7. 有些人不喜歡蔬菜的氣味，便習慣沾醬再吃，以去除蔬菜澀味，但一般醬料的糖分太多，易對雙腿造成負擔；如果一定要沾醬，可試著用無糖優格代替沙拉醬、番茄醬或醬油膏等調味醬，以防止脂肪入侵雙腿。

8. 有些人為了省事而購買市售的果菜汁來喝，但購買前最好先看清楚標示，因為市售果菜汁通常含太多糖分。自製果菜汁既方便又營養，大家可將蔬菜與蘋果、檸檬和蜂蜜依照自己的口味一起打成汁，並連同渣滓喝下肚，早晚一杯可補充足夠的纖維量。

6-5
烹調要注意，
營養不流失

Say goodbye to fat legs

不要白白吃進蔬菜水果，
如果你吃的蔬果早已流失養分，多吃也無益。

鎖住蔬果營養

　　買回家的蔬果不只是冰進冰箱就沒事了，各種蔬果的保存方式都有所不同，烹調方式也各有差異，一不小心，營養很容易流失，所以買回家的蔬果要小心保存，並在賞味期限內料理食材，而烹調的方式當然也要有所講究，以下就來看看，處理蔬果要注意哪些事項：

1. 買回家的新鮮青菜，若沒有及時食用，維生素便會漸漸耗損。如菠菜在20℃的環境下存放3～5天，就會損失高達80％的維生素C；因此，菠菜買回家後應放在陰涼乾燥處，並儘速食用完畢。

2. 家庭主婦處理豆芽菜時，通常會保留白色的芽，而丟棄上面的豆子。但事實上，豆子裡的維生素C含量比芽多出2～3倍，建

議大家要一起食用。

3. 有些人會先切青菜再清洗，但這其實是錯誤的。蔬菜表面附著的細菌，很容易從切菜的痕跡中進入，而且蔬菜裡的水溶性維生素也會在洗菜過程中流失。因此，先洗菜再切菜，營養才不易流失。

4. 別用銅鍋炒菜，使用銅鍋烹調會使蔬果中含有的維生素C和維生素B1分解，進而降低營養攝取。

5. 青菜用大火快炒，其維生素C的損失不到20％，若炒後又燜，維生素C將耗損近60％的比例，故應盡量縮短烹調時間。此外，炒菜時加少許醋再烹調，有利於維生素C的保存。

6. 根莖類蔬菜包括地瓜、芋頭、馬鈴薯等，因含鉀，故多食用可消除腿部水腫。其放置陰涼乾燥處可維持約一個月，但不宜冷藏，並且這些蔬菜必須遠離光線，以免蔬果萌芽生長，尤其馬鈴薯接觸光線過久，外皮會變綠，將產生微毒性。

7. 高纖菇類包括杏鮑菇、袖珍菇、蘑菇和鮮香菇等，可協助代謝體內脂肪。但它們無法在室溫下保存，必須以塑膠袋或保鮮膜封存冷藏，能保持5～7天的新鮮度。

8. 堅果含良好油脂，補充適量堅果有翹臀之效，但堅果宜保存在密封容器，並置於陰涼處，約可保存3個月。若吃起來有臭油味或苦味，表示已不適合食用。

Note

Western
Comefree™

奇跡の新纖感瘦

腹の肥満を阻止します

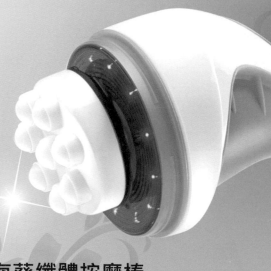

小海葵纖體按摩棒

● 遠紅外線功能設計
● 可更換兩種按摩頭
● 旋轉式按摩法/美體效果佳
● ●● 　兩色選擇

小企鵝震捶按摩棒
基礎の質感達人

小白鯊震捶按摩棒
肩頸の輕鬆達人

深層揉捏按摩靠墊
背部の揉捏達人

甦活足部按摩機
雙足の樂活達人

f Comefree, Taiwa

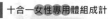

活泉好書為您拆解身體疾病未爆彈！
自癒力無限UP！

健康IN，病痛FADE OUT
懂得挑食好重要，
飲食宜忌就是要「挑」這本！

《就是要挑食！圖解食材宜忌全通本》

定價 260元

中華民國中醫傳統醫學會理事長 **賴鎮源**
中國醫藥大學營養學系教授 **楊新玲** 合著

嗶嗶嗶！馬鈴薯族愛注意！
隨手拿起動動本，隨時隨地動一動，
甩掉鮪魚肚，現在就開始「動」！

《上班族的隨身隨手隨時動動本》

健康管理師 **陳柏儒** 編著

定價 260元

瘦身女皇都驚豔的
蔬果汁甩脂養顏法!

3步驟,教你用蔬果汁打造完美曲線、美肌柔膚!

- **step 1** 算體質、看膚質,**養瘦美顏先知己!**
- **step 2** 對症手作蔬果汁,雕塑身形、**打造嫩肌超 Easy!**
- **step 3** 抓準時間飲用,**搭配身體循環機制**,排毒、消脂又活膚!

《 喝出瘦S!萬人按讚的手作
蔬果汁激瘦養顏法。 》

中國醫藥大學營養學系教授 **楊新玲** 著

加值附贈
行走坐臥隨時按消脂穴卡!!

定價
250元

指尖上的電鍋新味覺，
舌尖上的蔬果妙良藥！

無油煙更健康

拋量的素番好滋味

一按上菜！
《80道零失敗》
懶人電鍋料理

電鍋料理達人 **簡秋萍**/著　　　　定價：**260**元

★饗食推薦★
全國最大美食社群　愛料理

 Wow 電鍋也能剖析心理！！

看準人心，就此一測，詳見封底摺口
「超神準！從電鍋顏色看個性」！ 紅色 紫色 綠色　黃色　粉紅色

 **買書送電鍋，
大Show你的精湛廚藝！**

寄回書腰背面抽獎欄，就有機會獲得超人氣限量版「大同電鍋」1個！

《舌尖上的良藥》
《分解蔬果根莖葉》
對症速查全書

中華民國中醫傳統
醫學會副理事長 **賴鎮源**

　　　　　　　　　　/編著

中國醫藥大學
營養學系教授 **楊新玲**

定價：**280**元

采舍國際
www.silkbook.com

新·絲·路·網·路·書·店
silkbook.com

活泉書坊

自黏3.5元郵票

235 新北市中和區中山路2段366巷10號10樓

活泉書坊

編輯部　　收

（請沿此線反摺、自行裝訂寄回）

超有感三合一速效瘦腿操

3分鐘 呼你瘦

活泉書坊
行銷總代理 ◆ 采舍國際

Color Life 讀者回函卡

感謝您購買本書
煩請您將寶貴的意見寄回
我們將針對您給的意見加以改進

姓名/　　　　　　　　　　性別/　　　　星座/

年齡/□15歲以下 · □15歲以上～20歲 · □20歲以上～25歲 ·
　　　□25歲以上～30歲 · □30歲以上～35歲 · □35歲以上

電話/（H）　　　　　　　　　　（O）

地址/

E-mail/　　　　　　　　　　　□願意收到新書資訊

職業/□公（包含軍警）□服務□金融□製造□資訊□大傳
　　　□自由業□學生

學歷/□國中（以下）□高中（職）□大學（大專）
　　　□研究所（以上）

吸引您購買本書的原因

請寫下您給本書的建議

您希望閱讀到什麼類型的書刊（生活、財經、小說……）

國家圖書館出版品預行編目資料

3分鐘呼你瘦！超有感三合一速效瘦腿操 / 周韶葳
Lynn 著 初版. — 新北市中和區：活泉書坊，
2013.12　面；　　公分 · —（Color Life 40）
ISBN 978-986-271-404-1（平裝）

1.塑身　　2.健身操　　3.按摩　　4.腿

425.2　　　　　　　　　　　102015596

超有感三合一速效瘦腿操

3分鐘呼你瘦

活泉書坊

3分鐘呼你瘦！
超有感三合一速效瘦腿操

出 版 者■ 活泉書坊
作　　者■ 周韶薐 Lynn
總 編 輯■ 歐綾纖　　　　　　美術設計■ 蔡億盈
文字編輯■ 黃纓婷、胡敘文　　動作示範■ 張文馨
特約攝影■ 張明偉　　　　　　髮型化妝■ 蔡孟臻

郵撥帳號■ 50017206 采舍國際有限公司（郵撥購買，請另付一成郵資）
台灣出版中心■ 新北市中和區中山路2段366巷10號10樓
電話■ (02) 2248-7896　　　　傳真■ (02) 2248-7758
物流中心■ 新北市中和區中山路2段366巷10號3樓
電話■ (02) 8245-8786　　　　傳真■ (02) 8245-8718
ISBN■ 978-986-271-404-1
出版日期■ 2013年12月

全球華文市場總代理／采舍國際
地址■ 新北市中和區中山路2段366巷10號3樓
電話■ (02) 8245-8786　　　　傳真■ (02) 8245-8718

新絲路網路書店
地址■ 新北市中和區中山路2段366巷10號10樓
網址■ www.silkbook.com
電話■ (02) 8245-9896　　　　傳真■ (02) 8245-8819

本書全程採減碳印製流程並使用優質中性紙（Acid & Alkali Free）最符環保需求。

線上總代理■ 全球華文聯合出版平台
主題討論區■ http://www.silkbook.com/bookclub　　●新絲路讀書會
紙本書平台■ http://www.silkbook.com　　　　　　●新絲路網路書店
電子書下載■ http://www.book4u.com.tw　　　　　●電子書中心（Acrobat Reader）

華文自資出版平台
www.book4u.com.tw
elsa@mail.book4u.com.tw
ying0952@mail.book4u.com.tw

全球最大的華文圖書自費出版中心
專業客製化自資出版・發行通路全國最強！